装备科技译著出版基金

Counterfeit Integrated Circuits:
Detection and Avoidance

伪集成电路检测与防护

【美】马克（穆罕默德）·德黑兰尼普尔 Mark (Mohammad) Tehranipoor
乌杰瓦尔·吉恩（Ujjwal Guin） 著
多梅尼克·福特（Domenic Forte）

李雄伟 张 阳 陈开颜 谢方方 李 艳 译
郝学坤 主审

国防工业出版社
·北京·

著作权合同登记　图字：军-2020-034 号

图书在版编目（CIP）数据

伪集成电路检测与防护/（美）马克（穆罕默德）·德黑兰尼普尔等著；李雄伟等译. —北京：国防工业出版社，2022.7
书名原文：Counterfeit Integrated Circuits: Detection and Avoidance
ISBN 978-7-118-12500-9

Ⅰ.①伪… Ⅱ.①马… ②李… Ⅲ.①集成电路—检测 Ⅳ.①TN407

中国版本图书馆 CIP 数据核字（2022）第 096811 号

First published in English under the title
Counterfeit Integrated Circuits: Detection and Avoidance
by Mark Mohammad Tehranipoor, Ujjwal Guin and Domenic Forte
Copyright © Springer International Publishing Switzerland, 2015
This edition has been translated and published under licence from Springer Nature Switzerland AG.

本书中文简体版由 Springer 出版社授权国防工业出版社独家出版发行。版权所有，侵权必究。

※

国防工业出版社出版发行
（北京市海淀区紫竹院南路 23 号　邮政编码 100048）
三河市腾飞印务有限公司印刷
新华书店经售

*

开本 710×1000　1/16　印张 15½　字数 262 千字
2022 年 7 月第 1 版第 1 次印刷　印数 1—2000 册　定价 125.00 元

（本书如有印装错误，我社负责调换）

国防书店：（010）88540777　　书店传真：（010）88540776
发行业务：（010）88540717　　发行传真：（010）88540762

译者序

当今信息时代，集成电路（IC）是完成信息处理的基础，也是实现系统控制的关键环节。因此，其广泛应用于国防、交通等各个领域。现代电子系统高度复杂，需要使用大量不同类型的集成电路，几乎无法做到所有集成电路原厂采购，往往需要通过多级分系统供应商、分销商等来完成，难以避免以次充好、以旧充新、以假充真等集成电路的出现。同时，由于集成电路产业链涉及环节众多，其设计、生产、组装等环节由多个厂家分别完成，难以杜绝IP窃取、超量生产、功能篡改等问题，这些都是伪集成电路的典型形式。所谓伪集成电路，是指与全新正品集成电路存在差异，或者未经集成电路知识产权所有者授权而生产的集成电路。伪集成电路在常规条件下使用可能表现正常。然而，随着使用时间变长或环境恶劣，伪集成电路就可能出现异常，甚至无法工作，从而引发整个系统瘫痪，造成重大损失。同时，伪集成电路会严重损害集成电路知识产权所有者的声誉和经济利益。我国也深受伪集成电路之害，打磨芯片、篡改标记、回收芯片等事件层出不穷。

由于集成电路的封闭性以及伪造手段的多样性，对伪集成电路进行全面检测与防范的难度较大。目前，伪集成电路检测仍以传统的物理测试和电气测试为主，所需检测设备价格昂贵，实施条件严苛，检测效率较低，迫切需要新的技术手段进行快速、无损地检测。本书从伪集成电路的案例分析、分类、缺陷特征、物理检测和电子检测、防伪设计等多个方面进行了研究和阐述，是目前该领域最为全面的综合性著作，可直接或间接为政府、工业界，以及学术界进行伪集成电路检测与防范提供参考和帮助。因此，在承担自然科学基金项目的过程中，项目组主要成员完成了本书的翻译工作，希望对促进我国伪集成电路检测与防范相关技术和方法研究，以及推动集成电路在国防、交通等各个领域的安全可靠应用起到一定的积极作用。

参加本书翻译的有李雄伟、张阳、陈开颜、谢方方、李艳等，李雄伟对全书进行了统稿，刘俊延、刘林云、杜潘飞、王艳超、姚江毅等对相关章节进行了认真校对。资深领域专家郝学坤研究员作为主审对本书做了全面审查与把关，并提出了很多宝贵意见和建议。

  本书翻译工作得到装备科技译著出版基金的资助，在此深表感谢。

  本书涉及内容多，专业性强，并且由多人翻译，限于水平和经验，加之有些概念译法本身并不统一，故而难免有所偏颇。需要说明的是，原著中多处引用了一些伪集成电路的案例或统计数据，因无从查证，甚至观点有失公允，所以译者稍微对其进行了技术处理。从学术角度而言，这些细微调整并不影响技术探讨。同时，书中尚存诸多不足，敬请读者见谅，并提出宝贵意见。

译者

2021 年 7 月 1 日

前言

现代信息系统及基础设施控制着能源、金融、通信、国防,以及其他关键系统,而集成电路(IC)和电子元件为其基础。过去十年时间,全球化的持续发展极大地增加了电子元件供应链的脆弱性。特别是伪集成电路问题已然成为工业、政府和社会所面临的最严重问题之一。伪集成电路涉及高达数十亿美元的产业,并且以史无前例的速度增长,影响了知识产权(IP)所有者的利益及其公司的地位和信誉。鉴于电子元件在人们日常生活中的广泛应用(直接或间接),伪元件对人们的健康和安全造成了严重威胁。

本书致力于为伪电子元件检测与防护领域的初学者和专家提供服务。对于本领域的初学者,本书将介绍所需的全部背景材料。本书对所有类型的伪集成电路及其威胁进行综合介绍。对伪元件检测的透彻理解是本行业战胜伪造者的先决条件。本书介绍了物理测试和电气测试的方法,为伪元件检测提供了指导。通过在新集成电路中增加防伪设计(DFAC),以实现快速、简捷的伪元件检测,并且无须进行代价高昂的物理测试和电气测试。本书以研究成果为基础,可为世界范围内直接或间接受到伪元件严重影响的政府、工业、测试实验室,以及学术界提供必需的路线图。

本书分为12章。第1章对伪造产品进行总体描述。本章提供的数据表明,伪造贸易中的很大一部分是伪造电子产品。接下来4章介绍了伪集成电路的相关知识。第2章介绍伪电子元件的分类、供应链的脆弱性,以及伪电子元件检测和预防的现状。第3章给出所有伪集成电路的缺陷和异常,包括过程缺陷、机械缺陷、环境缺陷和电子缺陷。第4章和第5章给出了当前可用于检测这些缺陷的所有物理测试和电气测试的方法,以实现伪元件检测。这两章也对现有检测方法及检测过程的挑战和制约进行了讨论,包括测试所有类型伪电子元件的时间长、成本高、置信度低、难以自动执行等方面的问题。

从第6章开始,将介绍一些解决当前问题的最新研究。第6章聚焦于改善现有测试的成本和有效性。特别是该章首次提出了用于评估物理测试和电气测试的测试指标体系。基于该指标体系建立了选择最优测试方法集合的综合框架，从而在给定测试时间和成本约束条件下，达到最高的伪元件检测置信度。第 7 章介绍两种回收集成电路和重标记集成电路的高级物理检测技术，在检测决策过程中无须领域专家的介入。采用四维扫描电子显微技术和三维 X 射线显微技术有助于有效、无损地检测伪集成电路。第 8 章介绍两种针对不同形式回收集成电路（FPGA 和 ASIC）的高级电气测试的方法，从而无须进行传统的成本高、时间长的物理测试和电气测试。

从第 9 章开始，将研究伪元件检测和预防的正则方法。这些方法是将新的测试结构和模块［防伪设计（DFAC）］集成到晶圆和/或封装中，以更加简单、有效地检测不同类型的伪元件，并且无须昂贵的测试设备和配置。第 9 章介绍几种低成本的抗晶片和回收集成电路（CDIR）结构，可以检测多种类型电子元件的回收（从大型数字集成电路到小型模拟和分立元件）。第 10 章讨论 IP 窃取问题，给出了被动水印技术的综述，可以提供高置信度的 IP 来源凭证。第 11 章讨论与非可信代工和装备相关的伪造威胁，以及最近提出的相应对抗措施，如引入到供应链中的康涅狄格安全分离测试（CSST），用于防止超量生产、克隆，以及不合格/有缺陷的集成电路。最后，第 12 章介绍基于加密 QR 码、DNA 标记、纳米棒（NR），以及涂层物理不可克隆函数（PUF）的封装 ID，可在所有形式的元件中实现，从而实现回收、重标记、超量生产和克隆集成电路的有效检测。

Mark（Mohammad）Tehranipoor
Ujjwal Guin
Domenic Forte
美国康涅狄格州斯托尔斯
2014 年 12 月

致 谢

作者感谢国家自然科学基金（批准编号：CCF-1423282、CNS 1344271）、导弹防御局、Honeywell 公司、Comcast 公司以及 SAE 协会 G-19A 组织对伪集成电路检测与防范项目的支持，还要感谢以下各位为本书完成做出的贡献。

- Bicky Shakya 为撰写第 2 章和第 10 章内容提供了支持，并对全书进行了校对。
- Navid Asadizanjani 博士为撰写第 3 章和第 7 章内容提供了支持。
- Xuehui Zhang 博士为撰写第 8 章和第 9 章内容提供了支持。
- Halit Dogan 为撰写第 8 章内容提供了支持。
- Tauhidur Rahman 为撰写第 11 章内容提供了支持。
- Sina Shahbazmohamadi 博士为撰写第 7 章内容提供了支持。
- Honeywell 公司的 Daniel DiMase 为第 2～4 章和第 6 章内容给出了宝贵意见。
- Honeywell 公司的 Steve Walters 为第 3 章和第 6 章内容给出了宝贵意见。
- Mike Megrdichian 为第 3 章和第 6 章内容给出了宝贵意见。
- Integra 科技公司的 Sultan Lilani 为第 5 章内容给出了宝贵意见。
- Emma Burris-Janssen 对全书进行了校对。

缩略语

AACF	Areal Autocorrelation Function	区域自相关函数
ABS	Anti-lock Braking System	防抱死制动系统
ADNAS	Applied DNA Sciences	应用DNA科学
AES	Advanced Encryption Standard	高级加密标准
AF	Antifuse	反熔丝
AF-CDIR	Antifuse-Based CDIR	基于反熔丝的CDIR
ASIC	Application Specific Integrated Circuit	专用集成电路
ATE	Automatic Test Equipment	自动检测设备
BGA	Ball Grid Array	球栅阵列
BIS	Bureau of Industry and Security	工业与安全局
BSE	Back-scattered Secondary Electron	背散射二次电子
CAF	Clock AF	时钟AF
CAM	Content Addressable Memory	内容可寻址存储器
CBP	Customs and Border Protection	海关与边境保护局
CCAP	Counterfeit Components Avoidance Program	伪元件防范程序
CDC	Counterfeit Defect Coverage	伪集成电路缺陷覆盖率
CDIR	Combating Die and IC Recycling	抗晶片与集成电路回收
CGA	Column Grid Array	柱栅阵列
CL	Confidence Level	置信度
CLB	Configurable Logic Block	可编程逻辑块
CMOS	Complementary Metal Oxide Semiconductor	互补金属氧化物半导体
CoC	Certificates of Conformance	合格证书
COTS	Commercial off the Shelf	商用货架产品
CPA	Counterfeit Prevention Authentication	防伪认证

CSB	Complete Scrambling Block	完全置乱块
CSST	Connecticut Secure Split-Test	安全分离测试
CT	Computed Tomography	计算机断层扫描
CTC	Counterfeit Type Coverage	伪集成电路类型覆盖率
CTI	Components Technology Institute	元件技术研究机构
CUA	Circuit Under Authentication	认证电路
DA	Dynamic Assessment	动态评估
DF	Defect Frequency	缺陷频率
DFAC	Design for Anti Counterfeit	防伪设计
DFT	Design for Testability	可测性设计
DHS	Department of Homeland Security	国土安全部
DI	Decision Index	决策指标
DIP	Dual In-line Package	双列直插式封装
DM	Defect Mapping	缺陷映射
DNA	Deoxyribonucleic Acid	脱氧核糖核酸
DOD	Department of Defense	国防部
DSP	Digital Signal Processor	数字信号处理器
ECID	Electronic Chip ID	电子芯片 ID
EDS	Energy Dispersive Spectroscopy	能量色散谱
EFR	Early Failure Rate	早期失效率
EMC	Epoxy Molding Compound	环氧模塑料
EOS	Electrical Overstress	电过载
ERAI	Electronic Resellers Association International	国际电子经销商协会
ESD	Electrostatic Discharge	静电放电
ETD	Everhart-Thornley Detector	Everhart-Thornley 探测器
EVI	External Visual Inspection	外部视觉检查
FBI	Federal Bureau of Investigation	联邦调查局
F-CDIR	Fuse-Based CDIR	基于熔丝的 CDIR
FIB	Focused Ion Beam	聚焦离子束
FPGA	Field Programmable Gate Array	现场可编程门阵列
FPROM	Field Programmable Read Only Memory	现场可编程只读存储器
FSM	Finite-State Machine	有限状态机
FTIR	Fourier Transform Infrared	傅里叶变换红外谱

FUT	FPGA Under Test	待测 FPGA
GDSII	Graphic Database System II	图形数据库系统 II
GIDEP	Government-Industry Data Exchange Program	政府-行业数据交换计划
HCI	Hot Carrier Injection	热载流子注入
HD	Hamming Distance	汉明距离
HDL	Hardware Description Language	硬件描述语言
HIC	Humidity Indicator Cards	湿度指示卡
HM	Hardware Metering	硬件计量
IC	Integrate Circuit	集成电路
ICC	International Chamber of Commerce	国际商会
ICE	Immigration and Customs Enforcement	移民和海关执法局
ID	Identification Number	识别码
IDEA	Independent Distributors of Electronics Association	电子行业协会独立分销商
IO	Input/Output	输入/输出
IP	Intellectual Property	知识产权
IPA	Isopropyl Alcohol	异丙醇
IPR	Intellectual Property Rights	知识产权
LFSR	Linear Feedback Shift Register	线性反馈移位寄存器
LUT	Look Up Table	查找表
MBB	Moisture Barrier Bag	防潮袋
MC	Monte Carlo	蒙特卡洛
MCS	Monte Carlo Simulation	蒙特卡洛仿真
MISR	Multiple Input Signature Register	多输入签名寄存器
MPS	Ministry of Public Security	公共安全部门
MSD	Moisture Sensitive Device	潮湿敏感性器件
MSRP	Manufacturer's Suggested Retail Price	制造商建议零售价
NBTI	Negative Bias Temperature Instability	负偏压温度不稳定性
NCD	Not Covered Defect	未覆盖缺陷
NR	Nanorods	纳米棒
NRE	Non Recurring Expense	一次性费用
OCM	Original Component Manufacturers	原始元件制造商
OECD	Organization for Economic Cooperation	经济合作与发展组织

		and Development	
	OPO	Original Primary Outputs	原始基本输出
	OTE	Office of Technology Evaluation	技术评估办公室
	OTP	One Time Programmable	一次性可编程
	PBGA	Plastic Ball Grid Array	塑料球栅阵列
	PCA	Principal Component Analysis	主成分分析
	PCB	Printed Circuit Board	印刷电路板
	PIN	Part or Identifying Number	部件识别码
	PLCC	Plastic Leaded Chip Carrier	带引脚塑封芯片载体
	PMU	Parametric Measurement Unit	参数测量单元
	PSB	Partial Scrambling Block	部分置乱块
	PUF	Physical Unclonable Functions	物理不可克隆函数
	QR	Quick Response	快速响应
	R&D	Research and Development	研发
	RAM	Random Access Memory	随机存取存储器
	RBF	Radial Basis Function	径向基函数
	RE	Reverse Engineering	逆向工程
	RFID	Radio Frequency Identification	射频识别
	RO	Ring Oscillator	环形振荡器
	ROHS	Restriction of Hazardous Substances	有害物质限制要求
	RTL	Register Transfer Level	寄存器传输级
	SA	Static Assessment	静态评估
	SAF	Signal Transition AF	信号转换 AF
	SAM	Scanning Acoustic Microscopy	声学扫描显微镜
	SB	Scrambling Block	置乱块
	SBCU	Scrambling Block's Controlling Unit	置乱块控制单元
	SEM	Scanning Electron Microscopy	扫描电子显微镜
	SME	Subject Matter Expert	领域专家
	SiC	Silicon Carbide	碳化硅
	SNR	Signal to Noise Ratio	信噪比
	SOA	Simple Outlier Analysis	简单离群分析
	SoC	System on Chip	片上系统
	SoW	Statement of Work	工作说明书
	SRAM	Static Random Access Memory	静态随机存取存储器

SST	Secure Split Test	安全分离测试
SVM	Support Vector Machine	支持向量机
TC	Target Confidence	目标置信度
TDDB	Time Dependent Dielectric Breakdown	时变电介质击穿
TEM	Transmission Electron Microscope	透射式电子显微镜
TL	Tier Level	层级
TRN	True Random Number	真随机数
TRNG	True Random Number Generator	真随机数发生器
UCD	UnderCovered Defect	低覆盖缺陷
UPC	Universal Product Code	通用产品代码
VSIA	Virtual Socket Interface Alliance	虚拟套接字接口联盟
WHO	World Health Organization	世界卫生组织
XRF	X-Ray Fluorescence	X射线荧光
XRM	X-Ray Microscope	X射线显微镜

目 录

第 1 章 概 述 … 1
- 1.1 伪造品的历史 … 2
- 1.2 伪造品 … 3
- 1.3 伪造品占据了超过万亿美元的市场 … 3
- 1.4 伪电子产品是一种新兴的威胁 … 5
- 1.5 国防工业领域的伪电子产品评估 … 6
- 1.6 总结 … 10
- 参考文献 … 11

第 2 章 伪集成电路 … 12
- 2.1 伪集成电路的类型 … 14
- 2.2 伪电子元件的分类 … 15
  - 2.2.1 回收 … 16
  - 2.2.2 重标记 … 17
  - 2.2.3 超量生产 … 18
  - 2.2.4 不合格/有缺陷 … 20
  - 2.2.5 克隆 … 21
  - 2.2.6 伪造文件 … 21
  - 2.2.7 篡改 … 22
- 2.3 供应链的脆弱性 … 22
- 2.4 检测与防范伪集成电路 … 24
  - 2.4.1 伪电子元件检测的现状 … 25
  - 2.4.2 伪电子元件防范的现状 … 26
- 2.5 总结 … 28
- 参考文献 … 28

第 3 章 伪集成电路缺陷 ·········· 32

- 3.1 伪集成电路缺陷的分类 ·········· 32
- 3.2 过程缺陷 ·········· 34
- 3.3 机械缺陷 ·········· 37
  - 3.3.1 引脚、焊球与焊柱 ·········· 38
  - 3.3.2 封装 ·········· 43
  - 3.3.3 键合线 ·········· 49
  - 3.3.4 晶片 ·········· 52
- 3.4 环境缺陷 ·········· 54
- 3.5 电子缺陷 ·········· 56
  - 3.5.1 参数缺陷 ·········· 56
  - 3.5.2 制造缺陷 ·········· 58
- 3.6 总结 ·········· 60
- 参考文献 ·········· 60

第 4 章 基于物理测试的伪集成电路检测 ·········· 63

- 4.1 伪电子元件检测方法的分类 ·········· 64
- 4.2 物理测试 ·········· 66
  - 4.2.1 外部视觉检查（EVI） ·········· 66
  - 4.2.2 X 射线成像 ·········· 69
  - 4.2.3 解除封装 ·········· 71
  - 4.2.4 扫描声学显微镜（SAM） ·········· 71
  - 4.2.5 扫描电子显微镜（SEM） ·········· 71
  - 4.2.6 X 射线荧光（XRF）光谱 ·········· 73
  - 4.2.7 傅里叶变换红外谱（FTIR） ·········· 73
  - 4.2.8 能量色散谱（EDS） ·········· 73
  - 4.2.9 温度循环测试 ·········· 74
  - 4.2.10 密封测试 ·········· 75
- 4.3 局限与挑战 ·········· 76
- 4.4 总结 ·········· 77
- 参考文献 ·········· 78

第 5 章 基于电气测试的伪集成电路检测 ·········· 80

- 5.1 测试设备 ·········· 80

  5.1.1 基准测试设备 ·········· 81
  5.1.2 自动检测设备 ·········· 81
 5.2 曲线跟踪 ·········· 82
 5.3 关键电气参数测试 ·········· 85
 5.4 老化测试 ·········· 87
 5.5 局限与挑战 ·········· 88
 5.6 总结 ·········· 89
 参考文献 ·········· 90

第 6 章 现有伪元件检测方法的覆盖率评估 ·········· 92

 6.1 测试实验室在能力和专长方面的差异 ·········· 92
 6.2 相关术语 ·········· 94
 6.3 测试指标 ·········· 97
  6.3.1 伪元件缺陷覆盖率（CDC） ·········· 98
  6.3.2 伪元件类型覆盖率（CTC） ·········· 98
  6.3.3 未覆盖缺陷（NCD） ·········· 99
  6.3.4 低覆盖缺陷（UCD） ·········· 99
 6.4 评估框架 ·········· 100
  6.4.1 静态评估 ·········· 100
  6.4.2 动态评估 ·········· 104
  6.4.3 静态评估与动态评估比较 ·········· 108
 6.5 总结 ·········· 112
 参考文献 ·········· 113

第 7 章 高级物理测试 ·········· 114

 7.1 二维表征的局限性 ·········· 114
 7.2 四维扫描电子显微镜 ·········· 118
  7.2.1 图像采集阶段 ·········· 118
  7.2.2 深度提取 ·········· 122
 7.3 三维表面量化：异常纹理变化 ·········· 125
 7.4 三维 X 射线显微成像 ·········· 127
 7.5 结果分析 ·········· 130
 7.6 总结 ·········· 131
 参考文献 ·········· 132

第 8 章　高级电气测试 135

8.1　回收 FPGA 的两阶段检测方法 135
8.1.1　老化和回收的 FPGA 136
8.1.2　回收 FPGA 的两阶段检测流程 139

8.2　路径-延迟分析 144
8.2.1　老化对路径延迟的影响 144
8.2.2　路径延迟指纹识别 145
8.2.3　时钟扫描 146
8.2.4　数据分析 147
8.2.5　结果 148

8.3　早期失效率分析 148
8.4　总结 149
参考文献 149

第 9 章　回收晶片与集成电路的防范 151

9.1　基于 RO 的 CDIR 传感器 153
9.1.1　简易 RO-CDIR 154
9.1.2　简易 RO-CDIR 的局限性 155
9.1.3　感知 NBTI 的 RO-CDIR 的设计与运行 156
9.1.4　开销分析 157
9.1.5　感知 NBTI 的 RO-CDIR 仿真 158
9.1.6　误判率分析 161
9.1.7　工作负荷分析 162
9.1.8　攻击分析 162

9.2　基于反熔丝的 CDIR 结构 163
9.2.1　反熔丝存储器 163
9.2.2　基于时钟 AF（CAF）的 CDIR 164
9.2.3　基于信号 AF（SAF）的 CDIR 166
9.2.4　面积开销分析 168
9.2.5　攻击分析 169

9.3　基于熔丝的 CDIR 结构 169
9.3.1　面积开销分析 171

9.3.2　攻击分析 …………………………………………………… 172

　9.4　总结 ……………………………………………………………… 172

　参考文献 ……………………………………………………………… 172

第 10 章　硬件 IP 水印 ……………………………………………… 174

　10.1　知识产权（IP）…………………………………………………… 175

　10.2　IP 重用与 IP 盗版 ……………………………………………… 176

　10.3　保护 IP 的方法 ………………………………………………… 176

　10.4　硬件水印 ………………………………………………………… 177

　　10.4.1　基于约束的水印 …………………………………………… 179

　　10.4.2　附加水印 …………………………………………………… 183

　　10.4.3　基于模块的水印 …………………………………………… 184

　　10.4.4　基于功耗的水印 …………………………………………… 187

　10.5　总结 ……………………………………………………………… 188

　参考文献 ……………………………………………………………… 189

第 11 章　非可信制造商/组装商的未授权/不合格 IC 的预防 ……… 191

　11.1　无制造厂业务模式 ……………………………………………… 192

　11.2　无制造厂供应链的脆弱性分析 ………………………………… 193

　11.3　背景 ……………………………………………………………… 193

　　11.3.1　相关研究 …………………………………………………… 193

　　11.3.2　挑战 ………………………………………………………… 194

　11.4　康涅狄格安全分离测试 ………………………………………… 194

　　11.4.1　概述 ………………………………………………………… 194

　　11.4.2　CSST 结构 ………………………………………………… 196

　　11.4.3　CSST 的实验结果和分析 ………………………………… 200

　11.5　总结 ……………………………………………………………… 205

　参考文献 ……………………………………………………………… 205

第 12 章　芯片识别码 ………………………………………………… 209

　12.1　芯片 ID 的一般要求 …………………………………………… 209

　12.2　晶片 ID ………………………………………………………… 210

　　12.2.1　物理不可克隆函数（PUF）………………………………… 211

　　12.2.2　PUF 结构 …………………………………………………… 211

12.2.3 PUF 质量和度量 ……………………………………… 215
12.2.4 硬件安全中的 PUF 应用 ………………………………… 215
12.2.5 挑战与限制 ……………………………………………… 216
12.3 封装 ID ……………………………………………………… 217
12.3.1 加密 QR 码 ……………………………………………… 217
12.3.2 DNA 标记 ………………………………………………… 218
12.3.3 纳米棒 …………………………………………………… 220
12.3.4 电容（含涂层）PUF ……………………………………… 221
12.3.5 挑战与限制 ……………………………………………… 222
12.4 不同伪造类型的芯片 ID 限制 ……………………………… 223
12.5 总结 ………………………………………………………… 224
参考文献 …………………………………………………………… 225

第 1 章
概　　述

你有多少信心能在易趣网上购买到正品的路易威登手提包？怎样才能确信正在服用的药物不含有害的化学成分？如何才能鉴别笔记本电脑中的硬件设备是否为正规制造商生产并经过正规检测？随着商品生产和消费网络的日趋全球化发展，伪造品对社会造成的负面影响正亟待解决。

伪造品交易所造成的危害难以直接评估。从诸多案例来看，一般事件发生并被披露后，伪造者和受害者才浮现在公众视野中。因此，伪造品交易具有隐蔽的特点。2006 年，据世界卫生组织估计，在发展中国家流通的药物有 10%～30% 是伪造品。对于消费者来说，这是一个生死攸关的问题。例如，巴拿马共和国和多米尼加共和国数以百计的人因服用含有乙二醇的止咳糖浆，在不到一周的时间内大量死亡。伪造不仅针对产品外部显而易见的标识进行修改，而且涉及与健康安全息息相关的产品内在因素。因此，需要全社会长期的努力协作以降低伪造品泛滥而带来的危害。

近年来，伪造产业已发生了显著变化，从在隐蔽小作坊中制造零散的劣质产品转变为协同与精细化生产，使得伪造品与正品越来越难被区分。一个典型的案例与日本电子巨头 NEC 公司有关：当 NEC 发现一些黑市流通着带有公司标志的盗版键盘、CD 和 DVD 时，认为这只是普通的盗版威胁。然而，最初看似一般的知识产权问题，实质上却是一场野心勃勃的伪造战。伪造行为不仅影响 NEC 销售的产品，而且危及整个公司。伪造 NEC 产品的机构建立了一个有效的平行品牌，除复制 NEC 的生产线之外，还面向消费者开发自己的系列电子产品。这些机构通过印制商业名片，委托新产品研发，签订生产供应订单，出具保修服务文件等一系列运作方式，与正规经销商一样开展市场活动。作为国际保险公司总裁，史蒂夫·维克斯受 NEC 委托调查盗版事件，他指出盗版的形式正在急剧演变，已从简单低级的商品铭牌伪造转变为高度协调的生产和营销运作。

伪造行为由来已久，但当今伪造品所带来的风险却远高于以往任何时代。在现代化的安全系统链条中，一旦出现异常，就可能夺走无数人的生命。现代伪造品的高风险在"防控网络袭击"案例中体现得尤为明显，"防控网络袭击"是一项旨在控制伪造网络硬件非法分销的国家及全球倡议。经过美国联邦调查局、移民与海关执法局、海关与边境保护局和中国公安部等国际机构共同努力，截至2010年，已查获30起重大案件，缴获价值近1.43亿美元的伪造网络硬件设备。在大多数的案件中，被查获的主要伪造硬件印有思科网络设备商标。思科网络设备运用于美国军用计算机网络，以及信息技术基础设施的防火墙保护和安全通信领域。在海关与边境保护局、移民与海关执法局共同破获的一起案件中，收缴了1300多件标称是军用/航空航天级的伪造半导体器件，这些器件还带有知名半导体公司的商标。

1.1 伪造品的历史

伪造品并不是当今时代所特有的，而是伴随着人类文明而发展起来的。商标的出现促使某些人对其进行模仿，以利用权威效应获取利益。例如，在巴比伦和古埃及有些人通过在纪念碑上凿刻早期文字来制造"虚假权威"，从而增加自己的合法地位和收入获利。

商标的产生和伪造可以追溯到古代，据老普林尼记载，早在古罗马时期，伪币就被人们广泛收藏。在16—17世纪的热那亚，将伪币用于走私及其他非法交易是十分常见的。最著名的伪币案发生在文艺复兴时期的法国，罗马教皇的支持者通过伪造当地货币，以削弱法国新教国王的权威。

迄今为止，伪造货币或许最为引人关注。然而，有证据表明，早在出现伪币之前，伪造品就在交易中出现了。在罗马帝国前3个世纪期间，油灯所特有的FORTIS标识广泛地出现在其他古器物上，因此，学者们推测FORTIS标识被伪造使用了。

近年来，市场上伪造品的规模空前增大。2007年7月，中国公安部与美国联邦调查局在某仓库查获了价值20亿美元的伪造微软软件，其中包括了11种语言的19类产品。查获现场，工人们正在忙碌地包装软件光盘，伪造认证材料和用户手册，为转运出境做着准备。这是历史上规模最大的伪造软件搜捕行动，涉案的伪造品已遍及全球六大洲的36个国家。

由此看来，从古罗马时代伪造品的出现到21世纪伪造品的猖獗蔓延，伪造行为随着制造业和贸易的进步而不断发展,因此应成为我们重点关注的问题。

1.2 伪造品

在日常生活中使用各种产品时,难免会遇到伪造品。图1.1给出了伪造品的类别,主要包括奢侈品、医药产品和电子产品。在信息化浪潮的驱动下,电子产品成为伪造最为严重的领域之一。正规电子产品中的集成电路、分立元件和印制电路板频繁地被不法分子所伪造。考虑到伪集成电路对当今信息系统基础硬件安全性的严重影响,本书将在后续章节中介绍针对伪集成电路的检测与防范方法。

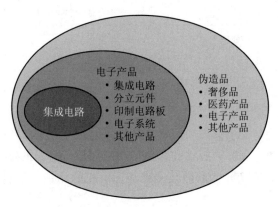

图1.1 伪造品的类别

1.3 伪造品占据了超过万亿美元的市场

日益增多的伪造品给社会经济和安全带来了严重影响,对政府、企业和消费者的权益构成了威胁。伪造品通过高度模仿其他产品的外观及功能,使消费者难以辨识真伪。在过去的几十年里,伪造品随着全球化趋势极速扩张,几乎遍及世界上的每个国家。从美国和欧盟海关提供的数据来看,1997年向美国输出伪造品最多的几个国家主要位于亚洲。亚洲成为世界上很多伪造品的发源地。

由于伪造品交易的隐蔽性,难以对其市场规模和资金总量进行直接精确估计,只能依据警方和海关查获的伪造品数量,对伪造品市场体量实现尽可能近似的推测。在2007年的一份报告中,经济合作与发展组织认为,伪造和盗版产品的总体规模难以衡量，但对伪造和盗版产品在国际贸易中产生的作用和影响进行了评估。据其估计，2005年国际贸易中有多达2000亿美元的伪造品，2007年增加到2500亿美元。

2001年，国际商会估计世界贸易产品中有5%~7%的伪造品，其市场估值约为3500亿美元。根据2008年的数据，全球每年伪造和盗版产品的市场交易额高达6500亿美元。随着伪造与盗版产业的快速增长，2015年全球伪造品的市场体量可能会翻一番，达到1.7万亿美元。伪造和盗版产品的总价值估计如表1.1所示。

表1.1 伪造和盗版产品的总价值估计

经济合作与发展组织分类	2008年估计数据	2015年估计数据
国际贸易中的伪造和盗版产品	2850~3600亿美元	9600亿美元
国内生产消费的伪造和盗版产品	1400~2150亿美元	5700亿美元
数字盗版产品	300~750亿美元	2400亿美元
总和	4450~6500亿美元	17700亿美元

在美国，海关与边境保护局负责缴获进口的伪造和盗版产品，这些产品可能侵犯美国的专利、商标、版权和其他形式的知识产权。据海关与边境保护局的最新数据显示，2013年缴获涉及侵犯知识产权的伪造品数量比2012年增长了近7%。

表1.2将缴获的伪造和盗版产品按商品类别进行了分类。从表1.2中可以看出，2012—2013财年，按商品的制造商建议零售价计算，计算机及配件伪造品的贸易额从34710624美元增至47731513美元。消费电子产品及部件的伪造品贸易也存在类似增长，截至2013财年，其在伪造品市场中的排名仅在手袋、钱包、手表和珠宝产品之后。总体来看，2012—2013财年，伪造品缴获量的价值增加了38%，从1262202478美元增至1743515581美元。

表1.2 缴获的伪造和盗版产品对应的商品类别

2013财年 商品类别	制造商建议 零售价估计/美元	百分比	2012财年 商品类别	制造商建议 零售价估计/美元	百分比
女士手提包/皮夹	700177456	40%	女士手提包/皮夹	511248074	40%
手表/珠宝	502836275	29%	手表/珠宝	186990133	15%

(续表)

2013 财年商品类别	制造商建议零售价估计/美元	百分比	2012 财年商品类别	制造商建议零售价估计/美元	百分比
消费电子产品/部件	145866526	8%	服装配饰	133008182	11%
服装配饰	116150041	7%	消费电子产品/部件	104391141	8%
医药用品	79636801	5%	鞋类	103365939	8%
鞋类	54886032	3%	医药用品	82997515	7%
电脑配件	47731513	3%	光学媒体	38404732	3%
标签	41768528	2%	电脑配件	34710624	3%
…					
总估价	1743515581			1262202478	
缴获量	24361			22848	

为应对近期伪造品贸易的增长，海关与边境保护局联合中国海关开展了第一次知识产权执法行动，查获了 1735 批货物，从电子产品供应链中缴获了 243000 多件伪造的消费电子产品。此外，在与法国海关的合作中，海关与边境保护局完善了联合执法机制，查获了 480 批具有潜在危害的伪电子元件。

1.4 伪电子产品是一种新兴的威胁

伪电子产品会削弱关键系统和网络的安全与可靠性，对政府和工业经济构成了严重威胁。它们不仅给企业的形象和声誉带来负面影响，还导致政府蒙受巨大的税收损失。由于电子元件在日常生活中被直接或间接地广泛使用，伪电子元件对人们的健康和安全也构成了严重威胁。例如，在心脏起搏器中安装的伪电子元件一旦失效，将夺走患者的生命。又如，构成汽车防抱死制动系统的伪电子元件出现异常，不仅会降低汽车本身的安全可靠性，而且可能导致危及生命的交通事故。再如，植入航空控制设备的伪电子元件突发故障，可能造成机毁人亡的悲剧；流氓国家甚至可以借助伪电子元件使别国的防空系统瘫痪。

除危及公众安全之外，伪电子元件还会对经济领域产生显著的负面影响。

例如，正规的半导体公司每年花费数十亿美元进行技术开发和制造生产，并对其销售产品提供服务支持。相对而言，电子元件伪造商用于技术研发的投入极少。从事电子元件伪造活动的门槛很低，只要具备一定电子技术基础的私人个体，就能对市场上已有产品进行伪造来非法谋取利益。这样的行为会严重阻碍新产品的研制与开发。此外，当伪电子元件发生故障时，如果得不到相应的质保服务，就会损害原始元件制造商（OCM）的企业声誉。正常情况下，原始元件制造商会对其生产的故障电子元件承担相应的经济责任和更换服务。

评估伪造产品事件增长的原因也是必要的。在美国，2009年只有25%的电子垃圾被正确回收利用。而大量的电子垃圾被不法商贩囤积起来，作为制造伪电子元件的原材料。不法商贩从电子垃圾中回收元件，将其翻新或伪造成高等级产品（例如，把商用级元件作为军用级或航天级元件）在市场上进行销售。除此之外，在过去的几十年中，电子系统及其元件的复杂性显著增加。为降低制造成本，电子产品越来越多地采用了全球化元件集成的生产方式。例如，在发展中国家建设大型芯片制造厂可以降低房屋设计施工方面的成本。设计师们将来自全球各地的不同知识产权融入电子产品的创作中，要对所有电子产品的原创性都进行验证，通常是难以实现的。电子产品中的集成电路可测性设计通常由不同地区的第三方嵌入，非可信制造厂和装配厂可能出售与制造商签订合同数量之外的电子元件。这种复杂的供应链为不法商贩提供了可乘之机，他们通过在市场上销售伪造品来削弱竞争对手的实力。

由于电子元件供应链的复杂性，难以估计伪半导体产品市场的实际规模。现有大多数估计都来源于已查获或检测到的伪电子元件数量，而大量的伪半导体元件仍在市场中流通。下面，介绍"国防工业领域的伪电子产品评估"，这是一份由美国商务部编制的报告，提供了关于伪造产品事件的详细统计数据，便于了解伪造行为的规模，并帮助分析这种非法活动在供应链中根深蒂固的原因。

1.5 国防工业领域的伪电子产品评估

2007年6月，美国工业与安全局下属的技术评估办公室怀疑伪电子元件正在渗透国防部的供应链，从而影响到美军武器系统的可靠性。因此，他们对国防工业领域的伪电子产品进行了评估。这项任务的主要目标是"评估疑似/确认的伪电子元件所占比重，调查伪造元件的类型，评价电子元件采购与管理措施的合理性，以及记录保存与报告机制的正确性，研究鉴别伪电子元件的检测技术与防控伪造品渗透的最佳策略"。本次评估共选取了 387 家公司参与调查，主要涉及其 2005—2008 年生产的分立电子元件、微电路和电路板产品。

评估报告表明，大多数原始元件制造商在供应链中发现有仿冒其商标的伪造品。表 1.3 表示不同类型 OCM 受伪电子产品影响的程度。从表 1.3 中可以看出，大约有 46%（18/39）的分立元件 OCM 和 55%（24/44）的微电路（集成电路）OCM 受到伪电子产品的影响。

表 1.3　受伪电子产品影响的公司

公司类别	受影响的公司数量	未受影响的公司数量	总和
分立元件	18	21	39
微电路	24	20	44
总和	42	41	83

这一评估也显示出 OCM 遭遇伪造产品事件的数量在逐渐增加。2005—2008 年，伪造产品事件数量的增长超过了 150%（图 1.2）。其中，与分立元件相关的事件数量飙升至 365% 左右，而与微电路相关的事件数量则翻了一番以上。

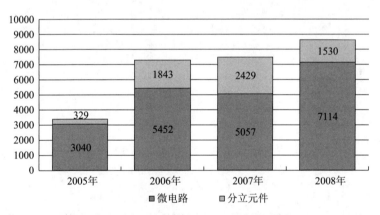

图 1.2　伪造产品事件数量统计（2005—2008 年）

图 1.3 将评估报告中的伪造产品事件数量按照不同的电子元件类型分别进行了分类。机电元件、半导体闸流管和电容器极易被伪造，与它们相关的伪造产品事件约占所有分立元件伪造品事件的 1/4，如图 1.3（a）所示。而在微电路类别中，微处理器对应的伪造产品事件占比最大，如图 1.3（b）所示。

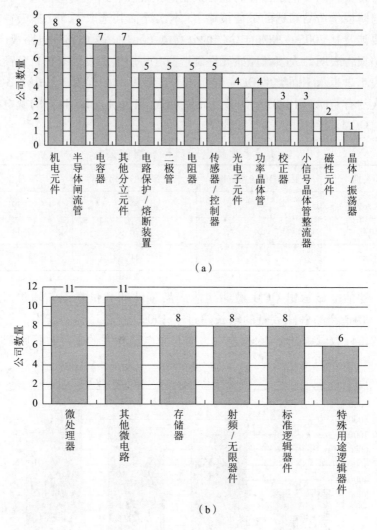

图 1.3 怀疑/确认的伪电子元件类型
(a) 分立元件；(b) 微电路。

评估报告还统计了伪电子元件的转售价格。伪造者并不总是以具有高转售价格的高端元件为目标。报告中的数据表明，伪电子元件的转售价格可能低至几美分。常见伪电子元件的转售价格从 0.11 美元到 500 美元不等，只有少数昂贵的高端伪电子元件才能达到数千美元的转售价格，如图 1.4 所示。

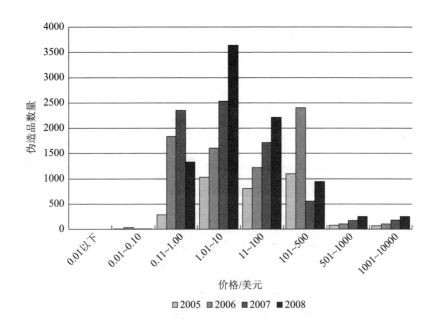

图1.4 按产品转售价格统计的伪造产品事件数量

多数情况下，OCM发现仿冒其商标的伪分立元件和微电路明显不同于正品。在伪分立元件中，多数是劣质产品，不能产生正确的电信号响应，其余的大部分则是对原始设计进行非法复制，如图1.5（a）所示。大部分伪微电路虽然可以正常工作，但是标称等级虚高。由于受到劣质伪分立元件贸易的影响，新出现的伪微电路有相当一部分根本无法正常工作，如图1.5（b）所示。

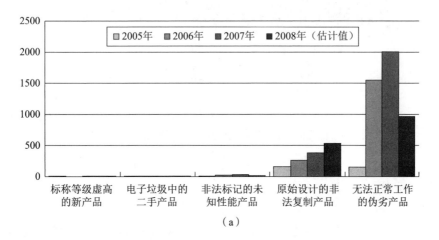

（a）

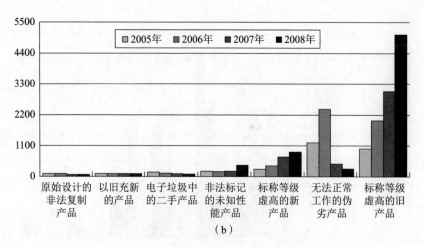

图 1.5 按不同伪造手段划分的伪造品事件数量

(a) 分立元件；(b) 微电路。

图 1.6 给出了伪电子元件进入供应链的方式。OCM 发现至少有 12 个独立实体与分销这些伪元件有关。代理商、独立分销商和互联网专供商是采购伪造品的主要实体。然而，OCM 偶尔也会发现来自授权分销商甚至美国联邦机构的伪造品。

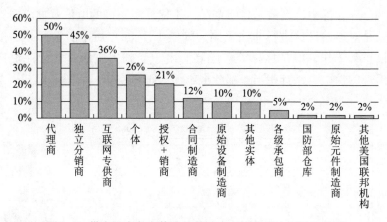

图 1.6 供应链中各实体分销伪造产品事件所占百分比情况

1.6 总结

本章对伪造行为和伪造品进行了概述，所涉及的材料表明，伪造品遍及从奢侈品到电子产品或部件的广泛领域。伴随着全球化时代的到来，伪造品已遍及世界各国,并成为一个全球性问题。

对于电子元件而言,伪造活动十分猖獗,伪造品在全球电子市场不断蔓延。作为整个伪造品贸易的重要部分,伪电子产品不仅会对关键系统的安全性和可靠性产生严重威胁,还会阻碍新产品的研发。本章使用详实的数据,阐述了伪电子元件给社会带来的严重问题,并探讨了其可能对经济和安全领域产生的影响。

在后续章节,将介绍各种不同伪电子元件的类型、在供应链中检测与防范它们的方法,以及必须应对的关键挑战,以解决伪电子产品长期存在的现实问题。

参考文献

[1] WHO. Counterfeit medicines:an update on estimates(November 2006),http://www.who.int/medicines/services/counterfeit/impact/TheNewEstimatesCounterfeit.pdf.

[2] P E Chaudhry, A Zimmerman. The Economics of Counterfeit Trade:Governments, Consumers, Pirates and Intellectual Property Rights(Springer, Heidelberg, 2009).

[3] The Federal Bureau of Investigation. Departments of justice and homeland security announce 30 convictions, more than $143 million in seizures from initiative targeting traffickers in counterfeit network hardware(May 2010).

[4] OECD. Magnitude of counterfeiting and piracy of tangible products:an update(November 2009).

[5] U.S. Environmental Protection Agency, Electronic waste management in the united states through 2009(May 2011).

[6] U.S. Department Of Commerce, Defense industrial base assessment:counterfeit electronics(January 2010).

第 2 章
伪集成电路

伪集成电路会影响到各种电子系统的安全性和可靠性，对工业和政府部门产生了严重威胁。据 IHS 公司最近的一份报告显示，自 2009 年以来，关于伪电子元件的报道增加了 4 倍，如图 2.1 所示。这些数据由两份报告汇编而成，它们分别来自国际电子经销商协会和政府行业数据交换计划。统计数据中包含的大部分伪造产品事件，源于美国军事机构和航空航天工业领域电子公司的报道。

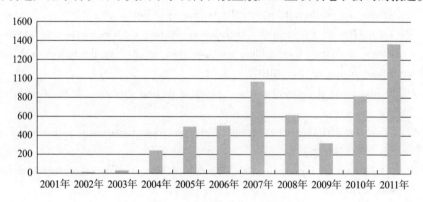

图 2.1　IHS 公司报道的伪造产品事件

在过去的几年里，许多报告都指出了美国电子元件供应链中的伪造品问题。其中一个典型的案例是，VisionTech 公司管理人员 McCloskey，因向美国军方和其他重要工业部门出售伪集成电路，被判处 38 个月监禁。2010 年 11 月，McCloskey 承认了联邦政府对其共谋贩运伪造品和邮件欺诈的指控。2006—2010 年，McCloskey 与 VisionTech 公司的老板 Wren 密谋获取了伪设备，将它们输入到美国的多个港口，并在 VisionTech 网站上按品牌集成电路进行销售。从 2007 年 1 月 1 日到 2009 年 12 月 31 日，Wren、McCloskey 及其同伙通过销售伪集成电路，获得了近 1580 万美元的收入。McCloskey 成为因贩运伪集成电路，接受联邦法庭审判的第一人。

另一个与伪集成电路相关的案例是，来自马萨诸塞州梅休因的 41 岁男子 Picone 在 2014 年承认自己进口了数以千计的伪集成电路，并转售给了美国客户。该案例的严重危害在于，Picone 不仅将这些伪造品卖给私人消费者，还出售给了向美国海军核潜艇供应集成电路的承包商。美国海军对其使用电子系统的集成电路具有特殊要求，集成电路元件必须是全新的，并且来源可信。Picone 向海军承包商谎称，他出售的集成电路是产自欧洲的全新产品。然而，美国海军在测试中发现，Picone 通过对集成电路表面进行翻新，修改了日期码，并附加了伪商标，从而掩盖了伪电子元件的真实来源。

2011 年，美国参议院军事委员会披露了一起严重的伪造产品事件，一架崭新 P-8A 飞机的结冰探测模块被检测出含有伪集成电路元件。飞机上的结冰探测模块十分重要，当飞机表面存在结冰时，飞行员需要得到及时的提醒。在检测中发现，模块内部有一个从插座上脱落的 FPGA。通过进一步调查，这个带有 Xilinx 标记的 FPGA 已停产，并超出了使用年限，是由加利福尼亚州的 Tandex 测试实验室向 P-8A 飞机部件承包商 BAE 系统公司提供的。Tandex 通过一家独立分销商，从一家制造商手中购买到该元件。调查结果表明，涉事的 FPGA 经过翻新，并随供应链上了 P-8A 飞机。

在美国陆军拥有的数套装备中，也发现了伪集成电路元件。例如，防空导弹、直升机（SH-60B、AH-64 和 CH-46）和运输飞机（C-17、C-130J 和 C-27J）。对于这些伪造产品事件，可以引用导弹防御局陆军少将 Patrick J. O'Reilly 的话作为回应，"我们不希望看到，1200 万美元的萨德系统因 2 美元的伪电子元件而降低可靠性"。

美军用飞机上的显示装置同样被检测出含有伪电子元件。这些装置是由 L-3 通信显示系统公司制造的，用于将发动机燃油、定位和警告等关键数据提供给飞行员，辅助他们进行操作判断。经过 L-3 通信显示系统公司和参议院军事委员会的彻底调查，最终追踪到了这批伪电子元件的来源。此外，在至少 7 架飞机上的其他设备上还发现了有类似的伪电子元件，这些产品都是由雷声公司和波音公司销售给美国军方的。

毫无疑问，在美国海军核潜艇上使用劣质和未经测试的集成电路，可能会产生无法挽回的灾难性后果。即便是在温和的环境条件下，伪集成电路也容易发生不可预知的故障，导致人身伤亡和财产损失。在国家重要系统中使用伪集成电路，同样会引发一系列的安全问题。由于伪集成电路的来源是未知的，因此使用者无法确认其是否被非法组织或个体改动。伪集成电路元件可能被植入恶意代码或隐藏的"后门",以达到破坏系统、拦截通信和入侵计算机网络等目的。这一系列问题对美国国家安全都意味着巨大的挑战。为有效消除伪造品带来的危害,参议院军事公开听证会及随后出台的报告明确指出,伪造是一个必须高度重视的问题。

2.1 伪集成电路的类型

随着伪造产品事件的不断增加,了解哪些集成电路最有可能是伪造品,什么行业受这些伪造品的影响最大,是非常有必要的。表2.1列举了5种最常见的伪电子元件,分别是模拟集成电路、微处理器集成电路、存储器集成电路、可编程逻辑集成和晶体管。它们占2011年所有伪产品事件的67.6%(或略多于2/3),对全球电子供应链的年度潜在风险为1690亿美元。

表2.1　5种最常见的伪电子元件(按文献[15]中报道数据的百分比排序)

排名	商品类型	占被报道事件的百分比/%
1	模拟集成电路	25.2
2	微处理器集成电路	13.4
3	存储器集成电路	13.1
4	可编程逻辑集成电路	8.3
5	晶体管	7.6
6	其他元件	32.4

表2.2列举了5种最常见的伪电子元件所影响的一些行业,主要包括计算机、电子消费、无线通信、有线通信、汽车生产和工业制造等部门。汽车生产和工业制造涉及诸多的关键电子系统,这些系统中一旦使用了可靠性差的伪电子元件,后果将令人十分担忧。在日常生活中,人们越来越习惯于使用各种电子设备进行数据计算、通信、网上银行和个人数据处理等,来历不明的伪电子元件将给电子消费行业带来许多不安全因素。

表2.2　5种最常见的伪电子元件在各应用市场中的收入份额百分比

(以百万美元计)

类型	工业制造	汽车生产	电子消费	无线通信	有线通信	计算机	其他
模拟集成电路	14%	17%	21%	29%	6%	14%	0%
微处理器集成电路	4%	1%	4%	2%	3%	85%	0%
存储器集成电路	3%	2%	13%	26%	2%	53%	1%

(续表)

类型	工业制造	汽车生产	电子消费	无线通信	有线通信	计算机	其他
可编程逻辑集成电路	30%	3%	14%	18%	25%	11%	0%
晶体管	22%	12%	25%	8%	10%	22%	0%

接下来，首先介绍伪电子元件的分类方法；然后给出电子元件供应链不同阶段存在的漏洞，以及导致伪造品出现的原因；最后简要总结目前检测与防范伪电子元件的最新技术。

2.2 伪电子元件的分类

美国商务部将伪电子元件定义如下。
（1）未经授权的复制。
（2）不符合 OCM 的设计、模型和性能标准。
（3）不是由 OCM 生产的产品，或者是由未经授权的承包商生产的产品。
（4）是不符合规格、有缺陷或已被使用过的 OCM 产品，却作为"合格"产品或"新"产品销售。
（5）产品标识或证明材料虚假。

上述定义并不能概括所有的情形，在电子元件供应链中，用户持有的伪造品也有可能来源于经 OCM 认证过的机构。例如，不法商家可能通过逆向工程来复制某种元件的设计，并实现生产制造，然后以 OCM 的身份在市场上销售其伪造品，授权生产的芯片制造厂或装配厂可能在未与 OCM 对接的情况下，采购了额外的元件，这些伪电子元件的使用将严重影响电子产品的安全性和可靠性。商业竞争对手还可能将硬件木马植入伪电子元件中，以阻碍整个电子系统正常工作，从而获取其非法利益。因此，有必要对上述伪电子元件的定义进行扩展，研究更为全面的伪电子元件分类方法。图 2.2 给出了一种新的伪电子元件分类方法。下面，将对每种不同的伪电子元件类型进行描述。

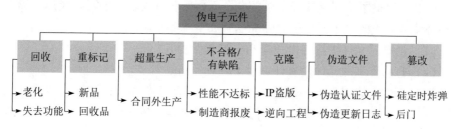

图 2.2 伪电子元件的分类

2.2.1 回收

所谓"回收",是指从已使用过的系统中获取或翻新电子元件,然后故意将其标称为 OCM 供应的新产品。由于使用过程中的老化,回收的电子元件会表现出较低的性能和较短的使用寿命。此外,回收过程(通过高温或清洗、打磨、解封等强烈的物理方法移除)使电子元件暴露在不可控的极端环境中,可能对其造成损坏。即便通过了最初的测试,回收的电子元件在使用过程中,仍可能暴露出潜在缺陷或丧失正常功能。不知情的厂商在集成组装环节使用了回收的电子元件,会导致整个电子系统的可靠性下降。

美国军事委员会就国防供应链中的伪电子元件调查结果举行了听证会,调查显示,废弃电子产品是回收伪电子元件的重要来源。2009 年,美国只有 25%的电子垃圾被正确回收,其他大多数国家的情况与美国相当,甚至更糟。伪造者通过对电子垃圾进行粗犷的加工,即可回收大量的电子元件。典型的回收过程如下。

(1)回收者收集废弃的印制电路板,从中获取使用过的电子元件(数字集成电路、模拟集成电路、电容器、电阻等)。

(2)将印制电路板在炉火上加热,当焊锡材料熔化时,回收者开始分解印制电路板,分离并收集各种电子元件。

(3)使用微喷工艺去除电子元件上的原始标记,需要利用爆破剂轰击元件表面。压缩空气可加速爆破颗粒,常见的爆破剂包括氧化铝粉、碳酸氢钠粉和玻璃珠。爆破剂的选择与元件的封装类型有关,常见的封装类型有双列直插式封装、塑料引脚芯片载体等。

(4)通过顶部涂黑和外层翻新,把新的涂层材料加装到电子元件表面。

(5)在元件黑色表面通过喷墨或激光打印上新的标记,其中包含 PIN 码、日期/批号、制造商标记、制造国等信息。

(6)对元件引脚、焊球和焊柱重新进行加工(清洁、拉直引脚,用新焊锡焊接引脚,形成新的焊球等),使其看起来是新的。

图 2.3 给出了美国宇航局记录的电子元件回收过程。由于需要经历严酷的处理环境,回收的电子元件可靠性会受到如下一些影响。

(1)没有对元件进行静电放电和电过载保护。

(2)容易受潮的元件没有经过烘干处理和防潮封装。

(3)元件可能因下列情况遭到损坏:①回收温度过高;②撞击或其他操作造成的机械冲击;③用水清洗和潮湿条件下储存导致元件受潮;④回收过程中产生的其他机械和环境过载因素。

图 2.3 美国宇航局记录的电子元件回收过程

事实上，回收过程对电子元件的损耗极大，远超其在以前系统使用过程中产生的老化。

政府、工业部门和测试实验室对回收电子元件进行了大量的论述，制定了包含不同测试计划的相关标准，用于检测电子系统中的回收元件。第 3~8 章描述了多种类型的检测方法，在第 9 章中，专门介绍了便捷可行的防伪设计方法，可以防止回收品流入电子元件供应链。

2.2.2 重标记

在电子元件的封装上，有能够唯一识别其身份及功能的标记。标记包含部件识别码、批次识别码或日期代码、设备制造商标识、制造国、静电放电灵敏度标识、认证标记等信息。有关标记的详细说明，请参见 MIL-PRF-38534H 的 3.9.5 节。

显然，电子元件的标记非常重要，它们不仅可用于识别元件的来源，而且能反映元件的使用环境和条件。航天级元件可以承受大范围的温度和辐射变化，商用级元件在相应的环境和条件下则会立即失效。制造商和性能等级决定了电子元件的价格，航天和军用级元件的价格一般会显著高于商用级元件。例如，BAE 系统公司生产 RAD750 抗辐射处理器的成本可达 20 万美元，功能相同的普通商用处理器成本仅为数百美元。航天级处理器主要是用于卫星、宇宙飞船和航天飞机上的电子部件，其设计能够承受宽广的温度和辐射动态范围。由此，可以理解伪造电子元件标记的动机，以及使用伪标记元件带来的危害。伪造者通过将电子元件的原始标记更改为更高等级或知名品牌，从而在市场上抬高其价格。然而，带有伪标记的元件无法在严酷环境和恶劣条件下正常工作，一旦这些元件被安装到关键系统中，就可能产生严重的后果。

与上述情形相关的例子是 P-8A 海神飞机事件，该事件在 2011 年美国参议院军事委员会举行的听证会上曝光。作为搭载反潜和空地战术导弹的平台，P-8A 海神飞机上的结冰探测模块被检测出含有伪 FPGA 单元。结冰探测模块是飞机上的重要部件，当机身表面存在结冰时，飞行员能够得到及时的提醒。在这起案例中，控制结冰探测模块的 FPGA 是带有 Xilinx 标记的伪电子元件。通过对供应链的分析，追踪到了该元件的制造商。

对电子元件进行重标记十分容易，通常肉眼很难区分伪标记与 OCM 标记。首先，使用化学或物理方法去除原有标记；然后，对元件表面涂黑（或翻新处理），以隐藏标记去除过程中留下的痕迹。伪标记可通过激光或喷墨方式附到元件上，使其看起来与 OCM 标记一模一样。油墨标记可采用多种不同的方式，使用快速灵活的喷墨打印机产生油墨标记是常用的选择，其他的油墨标记方法包括冲压、丝网印刷、转印和移印。同样，激光标记也非常灵活，通常使用 CO_2 或 YAG 激光蚀刻。

与回收的伪造品类似，政府、工业部门和测试实验室也对重标记的电子元件进行了广泛地论述。迄今为止，制定的相关标准建议采用与回收元件相同的测试计划来检测带有伪标记的元件。在第 3~8 章中，介绍了对回收和重标记电子元件的检测方法。

2.2.3 超量生产

当今高密度集成电路大多采用最先进的设备进行制造。生产现代互补金属氧化物半导体工艺的电子元件，需要花费数十亿美元来设计和维护其加工设备，这一数字会随着每个新技术节点的出现而增加。考虑到产品成本的不断增加以及生产工艺的复杂性，半导体产业在过去 20 年中已基本转向合同代工模式（横向商业模式）。

图 2.4 给出了由于横向商业模式应用而产生的信任和安全问题。在该模式下，为了降低产品成本，设计机构将产品的制造和组装外包给世界各地的其他公司。尽管合同中明确约定了合格元件的制造数量，然而在实际操作中，不

可信的制造厂和组装厂可能有意制造更多的元件。此外，不法厂家还可以通过隐瞒产出率（合格元件占生产元件总数的百分比），制造出比合同规定多的元件。制造和组装过程通常由第三方完成，而且大多数第三方机构还在海外，因此设计机构难以监控产品制造和组装的全过程，也难以掌握元件的实际产出量。在设计机构不知情的情况下，制造厂和组装厂可能私自分销超出合同数量的元件。

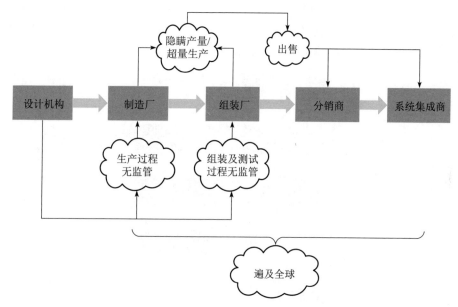

图 2.4　由于横向商业模式应用而产生的信任和安全问题

"超量生产"是指制造或销售与设计机构（电子元件知识产权的持有者）达成协议之外的产品。设计机构通常会投入大量的成本来研究和开发产品，超量生产不可避免地会使其利益蒙受损失。当非可信制造厂和组装厂超量生产并销售电子元件时，设计机构无法从中获取相应的收益。然而，更令人担忧的是超量生产元件的可靠性问题。在可靠性和功能测试不全面，甚至没有经过测试的情况下，超量生产的元件就流入了市场，进入关键应用系统的供应链，对军用设备、消费产品等的安全稳定性产生威胁。此外，这些元件带有设计机构的标记，其因测试不完备可能出现较高的故障率，对 OCM 的声誉产生不良影响。在第 11 章中将详细地讨论超量生产，并介绍安全分离测试方法，以检测超量生产的集成电路。

2.2.4 不合格/有缺陷

电子元件存在缺陷是指其在制造后的测试中产生了不正常的响应。测试贯穿于元件制造的多个环节。图 2.5 给出了元件制造的典型测试过程。在制造过程中，需要进行的第一个测试是晶圆测试，以检查在晶圆上制造的集成电路是否存在缺陷。如果晶圆上存在太多有缺陷的集成电路，制造厂有时会废弃掉整个晶圆。晶圆上的集成电路数量因其规模和类型而异，通常一块晶圆上含有数百个集成电路，价值可达数百美元。非可信实体可能会以有缺陷的晶圆为原料，生产和组装有缺陷或不合格的集成电路。

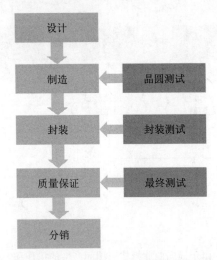

图 2.5　元件制造的典型测试过程

通过晶圆测试后，无缺陷的芯片进入组装环节，使用封装测试方法可挑选出合格的芯片，同时废弃在组装过程中损坏的芯片。非可信实体可能将本应该做废弃处理的芯片输入电子元件供应链中。最终测试是确保封装后芯片质量合格的重要步骤，为了避免在初次使用过程中出现故障，通常以加速变化的温度和电压来测试芯片可能潜在的缺陷。

未能通过各项测试的芯片都应当分别被销毁（功能不正常）、降级（达不到设计指标），或者以其他规范的方式妥善处理。无论是非可信实体，还是具有盗窃行为的第三方，一旦把未能通过完备测试的芯片转运到市场上销售，就会不可避免地增大系统故障率。

检测不合格/有缺陷的电子元件并不容易。对于测试前期未通过的芯片，使用简单的参数测试方法就能将其检测出来。然而，对于测试后期未通过的芯片，考虑到测试机构一般难以完全掌握被测芯片的内部结构和功能设计，不容易实现可靠地检测。为有效阻止未通过测试的芯片进入元件供应链，可对芯片采取防伪设计。在第 11 章中将介绍防伪设计方法，即安全分离测试，以防止有缺陷的芯片流入市场。

2.2.5 克隆

OCM 的竞争对手及伪造品制造组织（从小型实体到大型机构）广泛地使用克隆手段，通过复制 OCM 的设计来大幅度削减用于研发产品的成本。对于半导体知识产权而言，克隆是一个令人关注的问题。例如，克隆电路布局、网表、硬件描述语言设计模块（有关半导体知识产权的详细讨论，参见第 10 章内容），以及集成电路制造。克隆可以通过逆向工程或非法获取电路布局、网表等半导体知识产权（也称为知识产权盗窃）来实现。

逆向工程是检查原始元件以充分了解其性质和功能的过程。它可以通过破坏性或非破坏性地逐层提取元件的物理互连信息，之后借助图像处理分析来重新构建其完整结构。在电子行业中，竞争对手常运用逆向工程来复制 OCM 的已有产品。从事逆向工程的实体需要拥有昂贵而复杂的仪器，扫描电子显微镜或透射式电子显微镜可对被分解的元件进行逐层成像。自动化的处理软件则能够把各个图像拼接起来，形成完整的元件结构。例如，使用加拿大渥太华 ChipWorks 公司开发的集成电路工艺提取器，就能将芯片内各层的局部图像组合起来形成元件的三维模型。

知晓电子元件设计方案的人可能在未经授权的情况下转让知识产权，导致克隆行为的发生。为了实现版权认证，半导体知识产权中添加了各种形式的水印，如功率签名、设计约束等（关于知识产权水印技术的介绍可参见第 10 章内容）。如果不采用水印策略，或水印强度过低，伪造者或未经授权的知识产权持有者可以很容易地对知识产权进行复制，制造出克隆的半导体元件以出售获利。这样的克隆元件侵犯了设计者的合法知识产权，导致其蒙受重大的经济损失。后面还将在第 11 章中介绍一种新颖的防伪设计措施，以阻止克隆的集成电路进入供应链。

2.2.6 伪造文件

随元件一起装运的文件包含产品规范、测试、合格证书和工作说明书等相关信息。通过修改或伪造这些文件，即使产品元件不合格或有缺陷，也可以对其进行伪装和销售。验证产品文件的真实性很困难，因为通常从 OCM 那里无法获得旧设计和旧部件的存档信息。此外，合法的文件也可以被复制，并与不匹配的元件搭配到一起。

伪造者的动机以及伪造文件的相关风险与前面提到的重标记类似。

2.2.7 篡改

由于半导体供应链的全球化趋势（图2.4），集成电路被恶意改动的脆弱性不断凸显。被篡改的集成电路可能对军事基础设施、航空航天、医疗、金融系统、运输以及商业基础设施造成严重威胁。

对手可在电子元件设计过程中插入硬件木马，有效埋置"硅定时炸弹"，以达到中断其正常运行或使之在未来发生瘫痪的目的。硬件木马也可能会创建后门，允许对手访问关键系统功能或向对手泄露秘密信息。硬件木马可通过以下方式植入：①修改专用集成电路、数字信号处理器、微处理器、微控制器的硬件功能；②修改FPGA的程序代码。硬件木马可通过多种方式修改元件的功能设计。例如，硬件木马可禁用设备中的加密模块功能，泄露未加密的明文；硬件木马还可在短时间内禁用系统时钟模块，以启动破坏程序。有关硬件木马的详细分类可参见文献［41］。

除硬件木马之外，对制造完成的电子元件执行电路编辑，也能实现篡改。据报道，随着如聚焦离子束等纳米级操作技术的出现，即使在20nm线宽和40nm间距范围内，电路网表也可以被修改。使用此类方法，对手可以切断连接晶体管/栅极的线路，或者在晶体管/栅极之间重新布线来创建连接，以修改电路的功能。

研究电子元件篡改的检测和预防方法很有意义，但本书内容尚未涉及该领域。建议感兴趣的读者阅读《集成电路认证：硬件木马与伪芯片检测》，从而了解有关硬件木马插入、检测和预防的更多信息。

2.3 供应链的脆弱性

通常，电子元件的全生命周期如图2.6所示，包括元件的设计、制造、组装、分销、使用和报废等环节。下面将对每个环节的漏洞进行详细讨论。

1. 设计

如今，难以在单一的地点完成大型复杂集成电路设计。如图2.4所示，从RTL到GDSII的设计流程分布在许多不同的地方（甚至不同的国家），这样做的主要目的是降低开发成本和减少从设计到上市的时间。重用也已成为片上系统设计的组成部分，其中硬核知识产权（布局级设计）、固件知识产权（具有参数化约束的网表和硬件描述语言设计）和软核知识产权（可合成的存储器

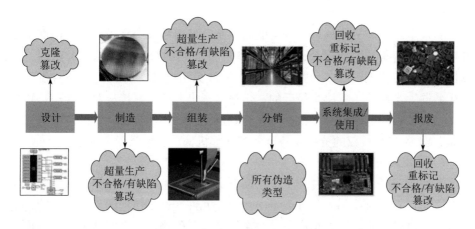

图 2.6 电子元件的全生命周期

传输级设计）被设计者（将各种知识产权结合起来构造新集成电路的系统集成商）重用，以简化复杂的设计问题。对设计阶段进行攻击有以下两种方式：①一个或多个"流氓"员工可以窃取系统设计中使用的知识产权，并将其非法转售给另一个能够制造克隆元件的实体；②设计中使用的知识产权被添加恶意代码或后门程序，导致秘密信息泄露。

2. 制造

设计机构购买和维护制造集成电路的生产设备需要花费巨大的成本，因此通常采用与分布在世界各地的制造厂签订外包合同的方式来实现产品生产。设计机构在生产过程中会不可避免地披露产品知识产权细节，并支付产品模具成本。制造厂和设计机构之间签订的合同应当受到知识产权保护。然而，这种横向商业模式可能引发设计机构与制造厂之间的信任危机。非可信制造厂可能通过以下方式将伪电子元件输入供应链：①通过隐瞒制造产品的合格率，超量生产和销售集成电路；②克隆设计；③向组装厂提供有缺陷和不合格的晶圆或晶片。

3. 组装

制造厂将经过测试的晶圆送至装配线，将晶圆切割成晶片进行组装，并完成进入市场销售之前的测试。图 2.5 中包含了组装环节中的封装测试以及出厂前的最终测试。非可信组装厂可能会把未通过测试的有缺陷和不合格芯片输送到市场上进行销售，组装厂也可能通过隐瞒产品封装合格率来囤积过量的电子元件。此外，非可信组装厂还可能重新封装回收的晶片，将其重标记为新产品，或者在元件封装表面标记上虚高的等级。

4. 分销

集成电路在经过测试后，主要的去向是分销商和系统集成商。分销商负责在市场上销售集成电路产品，其中包括 OCM 授权的分销商、独立分销商、互联网专供商、代理商等多种类型。未与 OCM 官方合作的分销商容易对供应链产生威胁。半导体工业协会最近的一份报告指出，通过直接从 OCM 或 OCM 授权的分销商那里购买电子元件，可以有效避免采购到伪造品。然而，值得注意的是，OCM 在其授权的分销商乃至美国联邦机构那里也发现了伪电子元件。

5. 系统集成/使用

系统集成是将所有元件和子系统联合成一个完整系统的过程。非可信系统集成商可以在系统中加入各种类型的伪电子元件，通过使用廉价或篡改的伪电子元件来降低成本，潜在抬高了最终系统的实际价格，从而实现利润最大化。

6. 报废

随着电器设备的老化或过时，它们会被报废和更换。在报废处理环节，应当采用正确的方法来提取电子元件中的贵金属，以及防止有害物质（铅、铬、汞等）对环境造成危害。然而，在实际操作中，人们往往忽视运用正确的处理方法，导致产生了大量的电子废弃物。例如，在美国，2009 年只有 25% 的电子垃圾被正确回收处理。如 2.2.1 节所述，一些不法组织或个人正是通过从电子垃圾中回收元件，并重标记，再输入供应链后谋取暴利。据目前的资料显示，回收和重标记的电子元件占供应链中所有伪电子元件的 80% 以上，并且呈增长趋势。此外，在这个阶段，竞争对手还可能为了达到破坏目的而篡改报废元件。

2.4　检测与防范伪集成电路

检测与防范伪电子元件受多方面因素的影响，关于该方面的研究仍处在起步阶段。目前，检测工作侧重于执行一系列"后防伪"方法来识别已经进入供应链的伪电子元件。采用防伪设计是防范伪电子元件进入供应链的有效措施，通过测试元件的防伪设计响应，很容易识别伪电子元件，并可将其抑制在供应链源头。

在制订检测与防范伪元件的计划时，有必要充分考虑各种不同的元件。电子元件可以根据其类型、尺寸和状态进行分类，如图 2.7 所示。根据应用场景的不同，元件类型通常可分为 3 种：模拟、数字以及模数混合。根据晶片规模的差异，元件可分为大型、中型、小型不同尺寸，较大的元件一般具有更多的输入/输出引脚数。元件状态通常可分为 3 种：过时、在产、新研。过时元件是指 OCM 已停产的元件，停产的原因可能是制造商采用了新的设计或技术，改进了产品性能、可靠性，或者降低了生产成本。过时元件只能由 OCM 授权的分销商或独立分销商提供。在产元件仍由 OCM 不断供应，但其设计无法改变，主要原因是：①开发新模具的额外成本；②性能和可靠性限制。总体来讲，几乎没有机会在过时和在产元件上加装整合防伪设计措施。新研元件在防伪措施的实现上非常灵活，因为它们尚处于设计阶段，OCM 仍可以修改产品模具，并验证产品性能。

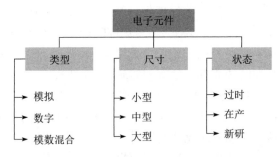

图 2.7 电子元件的分类

2.4.1 伪电子元件检测的现状

要制订一种通用的测试计划来对不同类型的伪电子元件进行检测是难以实现的。由于过时元件不再被生产，而在产元件只能按照已有的设计和模具来制造，因此对于过时和在产伪电子元件，应将重点放在对其进行"检测"上。对于新研元件，在设计过程中可以集成防伪策略，从而在源头上防止伪造，或者提高检测的准确性和高效性。

目前，有一些标准可用于指导用户检测伪电子元件。其中，许多标准由 G-19 伪电子部件委员会指定，经国际自动机工程师学会发起。这些标准针对与电子工业相关的 3 类群体：分销商、用户和测试服务提供商（测试实验室），基本概况如下。

（1）AS5553-伪电子部件：防范、检测、缓解与处置。

（2）ARP6178-欺诈/伪电子部件：分销商风险评估工具。

（3）AS6081-欺诈/伪电子部件：防范、检测、缓解和处置-分销商伪电子部件；防范协议，经销商（针对独立分销商和代理商）。

（4）AS6496-欺诈/伪电子部件：防范、检测、缓解和处置-授权/特许分销。

（5）AS6171-测试方法标准；伪电子部件。

虽然国际自动机工程师学会是制定伪电子元件检测标准的权威实体，但对于独立分销商而言，还可以通过其他的有效程序来获得用户信任。元件技术研究机构创建了伪电子元件防范程序-101。独立分销商可以通过每年的审计，获得伪电子元件防范程序-101 的认证。电子行业协会独立分销商也制定了一个目标相似的审核程序。

　　上述标准主要聚焦于物理测试方法（参见第 4 章），通过评估元件的物理性能来判断其是否属于伪电子元件，而没有关注电气测试方法（参见第 5 章），从而对元件的电气参数进行评估。物理测试方法存在诸多的挑战和局限。首先，物理测试方法主要适用于检测回收和重标记的伪元件，而对其他伪电子元件的检测效果较差（超量生产、克隆等）。其次，在实际中运用这些测试方法时主要存在耗时和成本两个方面的瓶颈。例如，一些物理测试方法对单个元件的检查时间就长达数小时。当然，使用电气测试方法检验元件功能需要采取不同的测试设置，导致开支巨大。除此之外，考虑到物理测试具有一定的破坏性，这意味着采用该方法无法对所有元件进行完备的测试。最后，大多数物理测试都是以人工方式执行，没有实现自动化。由于缺乏测试度量标准，使得测试结果的解释权掌握在专家手中。

　　这些挑战和局限性将在第 4 章和第 5 章中详细描述。此外，影响大多数标准执行的关键在于策略制定与监管层面，而不是技术层面。伪造者易于应对监管措施的调整，从而绕开伪电子元件检测的有效环节。因此非常期待 G-19A 团队正在制定的"AS6171-测试方法标准；伪电子部件"，该标准能够为用户提供必要的手段来防范伪电子元件。

　　本书将在第 4~6 章中详细阐述测试方法，并引入测试度量来评估这些方法。此外，还将提出一个综合框架来选择最佳的测试方法集，以实现在一定的成本和时间限制条件下，使测试置信度最大化。

2.4.2　伪电子元件防范的现状

　　在现行标准中，大多数物理测试方法耗时长，电气测试方法的成本高。因此，有必要对所有类型的元件添加防伪设计，以防止伪电子元件在未来的产品市场上广泛蔓延。在不进行传统物理和电气测试的情况下，防伪设计可帮助识别伪电子元件。然而，要对不同类型的元件进行防伪设计却很有挑战。如图 2.7 所示，每种防伪设计都有其局限性。对于新研元件，可在设计阶段将防伪机制整合到集成电路的晶片上。对于过时元件和在产元件，可在封装环节使用防伪设计。

　　图 2.8 给出了当前在电子元件供应链中用于防范伪电子元件的可行技术。

x 轴和 y 轴分别代表伪造类型和元件类型。y 轴上的元件类型从上至下按照其对应伪产品事件在供应链中的发生频率从低至高依次排列。元件供应链中有各种类型和尺寸的元件，它们通常具有不同的结构和功能。伪电子元件大致可分为 7 种不同的类型，每种类型都有其独特的检测方法。因此，很难找到一种适用于检测所有伪电子元件，并阻止它们流入元件供应链的方法。在图 2.8 中，针对不同的伪造类型（x 轴）和元件类型及尺寸（y 轴），列举了不同的防伪设计方法。在第 9~12 章中将介绍所有这些不同的防伪设计方法。下面简要地对这几章内容进行介绍。

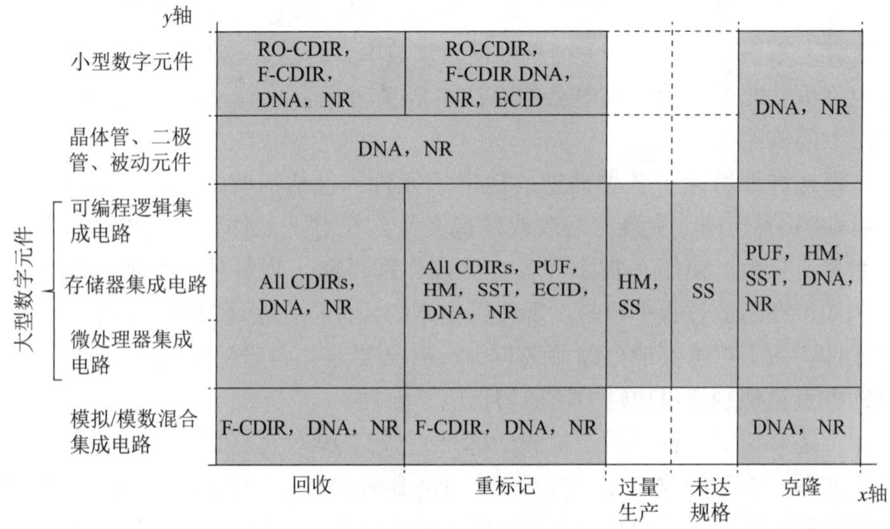

	回收	重标记	过量生产	未达规格	克隆
小型数字元件	RO-CDIR, F-CDIR, DNA, NR	RO-CDIR, F-CDIR DNA, NR, ECID			DNA, NR
晶体管、二极管、被动元件	DNA, NR				
可编程逻辑集成电路 / 存储器集成电路 / 微处理器集成电路	All CDIRs, DNA, NR	All CDIRs, PUF, HM, SST, ECID, DNA, NR	HM, SS	SS	PUF, HM, SST, DNA, NR
模拟/模数混合集成电路	F-CDIR, DNA, NR	F-CDIR, DNA, NR			DNA, NR

CDIR—反晶片与集成电路回收；F-CDIR—基于熔丝的 CDIR；RO-CDIR—基于环形振荡器的 CDIR；NR—纳米棒；DNA—DNA 标记；PUF—物理不可克隆函数；HM—硬件计量；SST—安全分离测试；ECID—电子芯片识别码。

图 2.8 当前在电子元件供应链中用于防范伪电子元件的可行技术

第 9 章介绍了一些低成本的抗晶片与 IC 回收（CDIR）结构。基于 RO 的抗晶片与 IC 回收（RO-CDIR）结构，可以在采用新技术的数字集成电路中运用，而基于反熔丝的抗晶片与 IC 回收（AF-CDIR）结构，可以在新老技术节点的大型数字 IC 中运用。基于熔丝的抗晶片与 IC 回收（F-CDIR）低成本结构，可适用于任何技术节点的所有元件（大/小规模，模拟/数字信号）。

物理不可克隆函数（PUF）、安全分离测试（SST）、硬件计量（HM）和电子芯片识别码（ECID）可被运用于检测大规模、重标记的数字元件。

第 11 章将介绍安全分离测试方法，这是目前唯一能够检测不合格/有缺陷伪电子元件的技术。该章还将介绍 PUF 和硬件计量方法。

第 12 章将介绍基于封装的标记-DNA 标记（DNA）技术与纳米棒（NR）技术，可适用于所有元件类型。这些技术主要用于检测克隆集成电路，以及回收和重标注的伪电子元件。

2.5 总结

本章对伪集成电路进行了综述。当今市场上数量众多的伪造品影响到整个电子元件供应链。微处理器集成电路、可编程逻辑集成电路、模拟/模数混合/数字集成电路等电子元件常常被非法机构或个人所伪造。这些集成电路用于汽车、医疗、军事和其他若干关键基础设施领域中，由伪集成电路导致的潜在危害令人震惊。此外，伪集成电路的非法市场销售也影响到经济发展，给 OCM 带来巨大的收益损失。

本章还详细讨论了各种类型的伪电子元件，包括回收、重标记、超量生产、有缺陷/不合格、克隆、篡改或伪造文件。在电子元件供应链的设计、制造、组装、分销、使用和报废等各个阶段，都可能出现各种类型的伪电子元件。例如，在制造过程中容易出现超量生产的元件；在报废过程中容易产生回收的元件。为了打击集成电路伪造行为，有必要建立合理的检测和防范机制。检测的重点是识别在供应链中流通的伪电子元件。

本章还介绍了几种可用于检测的标准，如 G-19 标准，以指导检测伪电子元件。然而，检测的效能往往受到成本过高和时间过长的制约。因此，需要采取相应的防范机制，从源头上防止伪电子元件流入供应链。可行的防范机制包括硬件计量和安全分离测试等防伪设计措施。由于集成电路具有各种类型（模拟、数字或模数混合）和尺寸，因此很难找到一种适用于所有元件的检测方法。第 9~12 章将重点介绍检测和防范伪电子元件的措施。

参考文献

[1] J. Cassell, Reports of counterfeit parts quadruple since 2009, challenging US Defence Industry and National Security IHS Pressroom (April 2012), http://press.ihs.com/press-release/design supply-chain/reports-counterfeit-parts-quadruple-2009-challenging-us-defense-in.

[2] Information Handling Services Inc. (IHS), http://www.ihs.com/.

[3] ERAI, Report to ERAI, http://www.erai.com/information_sharing_high_risk_parts.

[4] GIDEP, Government-Industry Data Exchange Program (GIDEP), http://www.gidep.org/.

[5] trust-HUB, http://trust-hub.org/home.

[6] U.S. Department of Justice. Administrator of VisionTech Components, LLC sentenced to 38 months in prison for her role in sales of counterfeit integrated circuits destined to U.S. military and other industries. Press Releases (October 2011), http://www.justice.gov/usao/dc/news/2011/oct/11-472.html.

[7] B Carey. Senate inquiry finds widespread counterfeit components. AIN (June 1 2012), http://www.ainonline.com/aviation-news/ain-defense-perspective/2012-06-01/senate-inquiry-finds-widespread-counterfeit-components.

[8] J Reed. Counterfeit parts found on P-8 Posiedons. Defensetech (November 2011), http://defensetech.org/2011/11/08/counterfeit-parts-found-on-new-p-8-posiedons/.

[9] U.S. Senate Committee on Armed Services. Inquiry into counterfeit electronic parts in the Department Of Defence Supply Chain (May 2012).

[10] U.S. Senate Committee on Armed Services. Suspect counterfeit electronic parts can be found on internet purchasing platforms (February 2012), http://www.gao.gov/assets/590/588736.pdf References 35.

[11] IHS iSuppli. Top 5 most counterfeited parts represent a $169 billion potential challenge for global semiconductor market (2011).

[12] R Torrance, D James. The state-of-the-art in ic reverse engineering, in Proceedings of the 11th International Workshop on Cryptographic Hardware and Embedded Systems. CHES' 09. (Springer, 2009, Berlin), pp. 363–381. http://dx.doi.org/10.1007/978-3-642-04138-9_26.

[13] I McLoughlin. Secure embedded systems: the threat of reverse engineering, in Parallel and Distributed Systems, 2008. ICPADS' 08. 14th IEEE International Conference on (December 2008), pp. 729–736.

[14] F Koushanfar, G Qu. Hardware metering, in Proc. IEEE-ACM Design Automation Conference (2001), pp. 490–493.

[15] G Contreras, T Rahman, M Tehranipoor. Secure split-test for preventing IC piracy by untrusted foundry and assembly, in Proc. International Symposium on Fault and Defect Tolerance in VLSI Systems (2013).

[16] M Tehranipoor, H Salmani, X Zhang. Integrated Circuit Authentication: Hardware Trojans and Counterfeit Detection (Springer, Zurich, 2014).

[17] U Guin, D DiMase, M Tehranipoor. A comprehensive framework for counterfeit defect coverage analysis and detection assessment. J. Electron. Test. 30(1), 25–40 (2014).

[18] U Guin, D DiMase, M Tehranipoor. Counterfeit integrated circuits: Detection, avoidance, and the challenges ahead. J. Electron. Test. 30(1), 9–23 (2014).

[19] U Guin, K Huang, D DiMase, et al. Counterfeit integrated. circuits: a rising threat in the global semiconductor supply chain. Proc. IEEE 102(8), 1207–1228 (2014).

[20] U Guin, D Forte, M Tehranipoor. Anti-counterfeit techniques: from design to resign, in Microprocessor Test and Verification (MTV) (2013).

[21] U Guin, M Tehranipoor, D DiMase, et al. Counterfeit IC detection and challenges ahead. ACM/SIGDA E-NEWSLETTER 43(3) (March 2013).

[22] U Guin, M Tehranipoor. On Selection of Counterfeit IC Detection Methods, in IEEE North Atlantic Test Workshop (NATW) (May 2013).

[23] B Hughitt. Counterfeit electronic parts, in NEPP Electronics Technology Workshop (June 2010).

[24] U. S. Environmental Protection Agency. Electronic waste management in the united states through 2009 (May 2011).

[25] BusinessWeek article and video from October 13, 2008, http://images.businessweek.com/ss/08./10/1002_counterfeit_narrated/index.htm.

[26] SAE. Counterfeit electronic parts; avoidance, detection, mitigation, and disposition (2009), http://standards.sae.org/as5553/.

[27] SAE. Test methods standard; counterfeit electronic parts. Work In Progress, http://standards.sae.org/wip/as6171/.

[28] CTI. Certification for coutnerfeit components avoidance program (September 2011).

[29] IDEA. Acceptability of electronic components distributed in the open market, http://www.idofea.org/products/118-idea-std-1010b.

[30] Department of Defense, Performance specification: hybrid microcircuits, general specificationfor (2009), http://www.dscc.dla.mil/Downloads/MilSpec/Docs/MIL-PRF-38534/prf38534.pdf.

[31] J Rhea. BAE Systems moves into third generation rad-hard processors (May 2002).

[32] The Committee's Investigation into Counterfeit Electronic Parts in the Department of Defense-Supply Chain. Senate Hearing 112–340 (November 2011), http://www.gpo.gov/fdsys/pkg/.CHRG-112shrg72702/html/CHRG-112shrg72702.htm.

[33] CTI. Counterfeit Examples: Electronic Components (2013), http://www.cti-us.com/pdf/CCAP-[101InspectExamplesA6.pdf.

[34] C Mouli, W Carriker. Future Fab: How software is helping Intel go nano-and beyond. IEEE Spectr. 44(3), 38–43 (2007).

[35] L T Wang, C W Wu, X Wen. VLSI Test Principles and Architectures: Design for Testability (Systems on Silicon) (Morgan Kaufmann, San Francisco, 2006). 36 2 Counterfeit Integrated Circuits.

[36] R J Abella, J M Daschbach, R J McNichols. Reverse engineering industrial applications. Comput. Ind. Eng. 26(2), 381–385 (1994).

[37] M Tehranipoor, F Koushanfar. A survey of hardware trojan taxonomy and detection. IEEE Des. Test Comput. 27(1), 10-25 (2010).

[38] S Adee. The hunt for the kill switch (May 2008), http://spectrum.ieee.org/semiconductors/design/the-hunt-for-the-kill-switch.

[39] CHASE. CHASE workshop on secure/trustworthy systems and supply chain assurance (April 2014), https://www.chase.uconn.edu/chase-workshop-2014.php.

[40] Defense Science Board (DSB). Study on high performance microchip supply (2005), http://www.acq.osd.mil/dsb/reports/ADA435563.pdf.

[41] Semiconductor Industry Association (SIA). Winning the battle against counterfeit semiconductor products (August 2013).

[42] U.S. Department Of Commerce. Defense industrial base assessment: counterfeit electronics (January 2010).

[43] H Levin. Electronic waste (e-waste) recycling and disposal—facts, statistics & solutions (2011), http://www.moneycrashers.com/electronic-e-waste-recycling-disposal-facts/.

[44] L W Kessler, T Sharpe. Faked parts detection. Print. Circuit Des. Fabr. 27(6), 64 (2010).

[45] J Villasenor, M Tehranipoor. Chop shop electronics. Spectr. IEEE 50(10), 41-45 (2013).

[46] SAE. SAE International, http://www.sae.org/.

[47] SAE. Fraudulent/counterfeit electronic parts; tool for risk assessment of distributors (2011).

[48] SAE. Fraudulent/counterfeit electronic parts: avoidance, detection, mitigation, and disposition- distributors counterfeit electronic parts; avoidance protocol, distributors (2012).

[49] SAE. Fraudulent/counterfeit electronic parts: avoidance, detection, mitigation, and disposition—authorized/franchised distribution. Work In Progress, http://standards.sae.org/wip/as6496/.

[50] CTI. Components Technology Institute, Inc. http://www.cti-us.com/.

[51] B Gassend, D Clarke, M van Dijk, et al. Silicon physical random functions, in Proc. of the 9th ACM conference on Computer and Communications Security. CCS' 02 (ACM, New York, 2002), pp. 148-160.

[52] N Robson, J Safran, C Kothandaraman, et al. Electrically programmable fuse (efuse): from memory redundancy to autonomic chips, in CICC (2007), pp. 799-804.

[53] M Miller, J Meraglia, J Hayward. Traceability in the age of globalization: a proposal for a marking protocol to assure authenticity of electronic parts, in SAE Aerospace Electronics and Avionics Systems Conference (October 2012).

[54] C Kuemin, L Nowack, L Bozano, et al. Oriented assembly of gold nanorods on the single-particle level. Adv. Funct. Mater. 22(4), 702-708 (2012).

第3章
伪集成电路缺陷

目前有多种方法可以检测伪电子元件。这些方法的目标是通过检查找出一个或一批元件存在的"缺陷"。伪电子元件缺陷是指在正品中通常无法发现的异常和变化。伪电子元件通常会出现一个或多个不同于正品状态或功能的异常情况。这些异常可能体现在物理特性方面（引脚、封装等）或电气特性方面（性能下降或规格变化）。由于正规制造厂和组装厂对产品采用了标准一致的加工处理方法，并对其进行了全面的测试，因此，一般认为正品不存在任何缺陷，而把存在异常或缺陷的元件称为伪造品。要对元件缺陷进行清晰识别，与以下因素有关：①伪造的类型，如回收元件经过有损耗的收集过程，会产生与超量生产、克隆等伪造类型不同的缺陷；②伪造者的专业技能，如一些伪造者拥有更昂贵的激光设备来重标记集成电路，因此会使重标记的伪电子元件看起来与正品更加相似，导致其难以被检测出来。

本章将介绍伪电子元件中存在的所有缺陷和异常，可将其分为4类：过程缺陷、机械缺陷、环境缺陷和电子缺陷。在了解伪电子元件缺陷和异常的基础上，后续章节将讨论伪电子元件的测试方法（第4章和5章），对每种测试方法的有效性进行评估（第6章），并介绍新的测试方法（第7章和8章）。

3.1 伪集成电路缺陷的分类

伪集成电路缺陷是指通常在正品中无法检测出的异常和变化。元件的异常多种多样，体现在尺寸、外形、类型、数量等方面，这取决于伪造者的能力。当检测到一个或多个异常则表明元件是伪造的。

文献［1-3］中介绍了伪电子元件缺陷的分类。本章在对其进行修订的基础上，提出了更为全面的缺陷分类法，包括过程缺陷、机械缺陷、环境缺陷和电子缺陷4类，如图3.1所示。下面将对各种类型的缺陷进行详细讨论。

第 3 章　伪集成电路缺陷

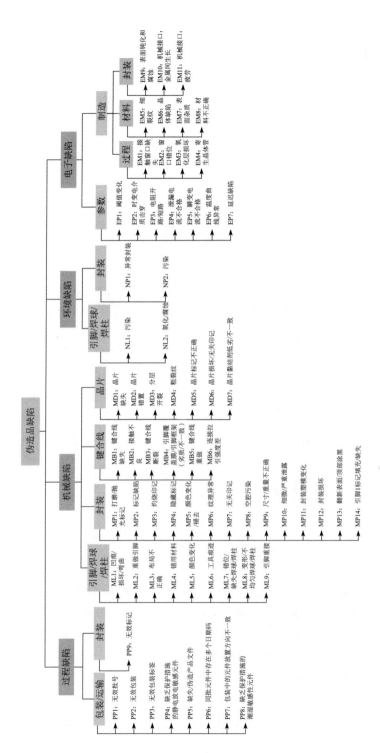

图3.1　伪电子元件出现的缺陷和异常分类

3.2 过程缺陷

过程缺陷与元件的包装、运输，以及其本身的标记有关。在供应链流通的过程中，应当对元件所处的运输、搬运和环境条件进行适当保护。由于缺乏保护造成的损坏，可能影响元件的可靠性，导致其在运行过程中发生故障。用户应当使用和购买与产品配套的文件对其购买的电子元件进行验证。如果收到的文件与原始文件不匹配，那么该批电子元件需要执行进一步的测试。图3.2给出了对此类缺陷的分类。下面将分别介绍过程缺陷的不同类型。

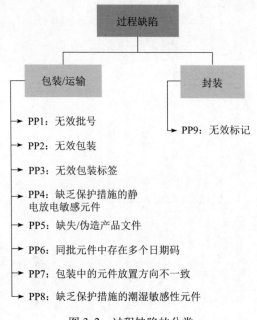

图 3.2　过程缺陷的分类

1. 无效批号（PP1）

批号是OCM在一定时间段内为其生产元件分配的识别代码，通常位于元件包装的外表面。使用批号在供应链中对电子元件进行跟踪，是产品制造环节的重要部分。在产品认证过程中，如果一批元件的批号与OCM数据库中存储的不一致，就可以怀疑该批元件是伪造的。

2. 无效包装（PP2）

无效包装是指产品包装不符合OCM的相关规范。OCM通常根据其装运标准来包装产品。例如，Intel公司按照联合电子设备工程委员会的标准，使用指定托盘或专业胶带/卷轴来装运元件，然后将其放入具有导电碳涂层的内盒[4]。外箱在运输过程中提供物理保护，内箱则能够有效保护元件不受静电放电的影响。如果元件没有采用正确的包装方法，运输、搬运过程，以及环境条件可能会对其造成损坏，导致它们在使用过程中发生故障。因此，经过正规授权认证的正品元件，不会出现无效包装。

3. 无效包装标签（PP3）

如果元件的装运标签与OCM提供的标签不匹配，表明产品存在过程缺陷。装运包装标签应符合国家或国际相关标准。标签以产品认证、商标、购买证明等形式展现，同时应包含用户使用及安全信息。条形码、通用产品代码和射频识别标签是一些常见的标签类型。图3.3所示的包装标签上面存在语法错误。

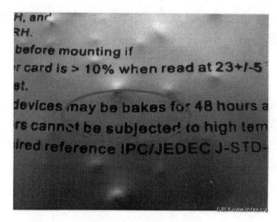

图3.3 非法包装标签

4. 缺乏保护措施的静电放电敏感元件（PP4）

对于静电放电敏感的设备，在装运过程中若不采取相应的防护措施，则会导致其发生损坏。含有静电敏感元件的包装盒内层必须导电、静电耗散或抗静电，以满足电子工业协会标准中第541条的静电放电要求。粗心的伪造者可能在没有采取防范措施的情况下，直接装运对静电放电敏感的伪电子元件。

5. 缺失/伪造产品文件（PP5）

随元件一起装运的文件包括测试结果和产品的部分规格表。测试结果可供OCM对产品进行审查。这些信息可能被伪造者删除或修改。

6. 同批元件中存在多个日期码（PP6）

OCM通常将具有相同日期码的元件包装在一起运输给用户或分销商。如果同一批次的不同元件对应的日期码不一致，那么这些元件就有可能来源于不同的渠道（例如，第 2 章中讨论过的回收和重标记伪电子元件）。在同一批次产品中出现多个不同日期码的元件，表明整批次产品可能是伪造的。

7. 包装中的元件放置方向不一致（PP7）

需要检查胶带或卷轴中元件的放置方向。对于正规批次产品，元件在包装中的放置方向应当一致。当包装中出现元件放置方向不一致的情形时，有理由怀疑其中一些元件可能被伪造品替换。

8. 缺乏保护措施的潮湿敏感性元件（PP8）

对潮湿敏感性元件不加保护地进行运输会导致此类缺陷的发生。OCM 会对其生产的潮湿敏感性元件采用规范的包装。例如，Intel 公司使用防潮袋保护其制造的潮湿敏感性元件[4]。每个防潮袋中包含有：①一组或多组干燥剂，以充分吸收包装内部的水分；②湿度指示卡，以实时显示包装中的相对湿度值。粗心的伪造者可能在没有采取防范措施的情况下，直接装运潮湿敏感性伪电子元件。

9. 无效标记（PP9）

标记为电子元件提供了准确的身份信息。文献［6］中的 3.9.5 节对标记规范进行了详细描述，"标记应当符合本规范以及设备规范要求，标记应当清晰、完整，并满足 MIL-STD-883 中方法 2015 的耐溶剂性要求"。一般情况下，电子元件的标记应当包含以下内容[6]（典型示例如图 3.4 所示）。

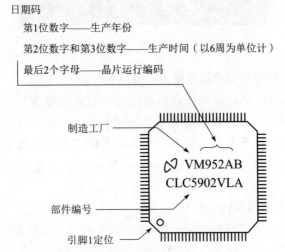

图 3.4　半导体制造商典型的标记约定[7]

（1）部件识别码。
（2）索引点。

(3) 批号或日期代码。

(4) 设备制造商标识。

(5) 设备制造商的合约承包商编号,见 https://www.bpn.gov/bincs/begin_search.asp。

(6) 制造国。

(7) 序列号。

(8) 特殊标记。

(9) 静电放电灵敏度标识。

(10) 认证标志。

元件包装上的无效标记是明显伪造的证据。例如,无效的批次、日期或国家代码等都属于该类别。旧元件可能会被标记为当前的日期代码,使人们误以为其是刚刚制造出来的元件(可参阅第2章中关于重标记的描述)。图 3.5 中所示的元件上标记的制造日期是 2003 年第 47 周(11 月),然而,该元件在 2003 年 6 月 3 日就进入到了市场,比标记的制造日期早了 5 个月,这表明该元件是伪造品。

图 3.5 无效日期码[8]

3.3 机械缺陷

图 3.6 展示了电子元件机械缺陷的详细分类。机械缺陷与元件的物理特性紧密相关,其分类取决于元件上存在缺陷的位置,主要可分为 4 类:引脚/焊球/焊柱缺陷、封装缺陷、键合线缺陷和晶片缺陷。接下来,将对各种机械缺陷进行逐一介绍。

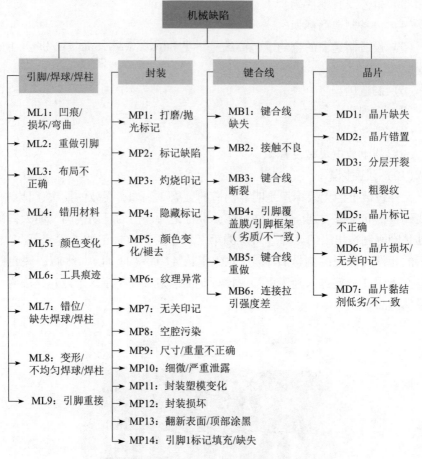

图 3.6 机械缺陷的分类

3.3.1 引脚、焊球与焊柱

如果集成电路被使用过，通过元件上的引脚、焊球或焊柱能够看出其是如何被处理的。在物理上，引脚应当符合规格表中的要求，例如具备一定的直线度、线宽和间距。在同一批次的产品中，引脚的最终涂层及基本结构应当保持一致。

1. 凹痕/损坏/弯曲（ML1）

凹痕是由于对电子元件处理不当，在引脚、焊球或焊柱表面产生的意外印记。例如，原本形状规则的引脚在回收过程中可能发生弯曲或变形。此类情况包括所有类型的引脚损坏，例如划痕、弯曲、断裂以及丢失。图 3.7 给出了多种电子元件引脚损坏的情形。

图 3.7 引脚损坏［来源：Honeywell 公司］
(a) 焊柱损坏；(b) 引脚断裂。

2. 重做引脚（ML2）

此类缺陷是指元件引脚的返工。如图 3.8（a）、(b) 所示，引脚上明显有残留的材料，表明元件引脚存在返工或回流焊接的可能性，使用锡焊补引脚［图 3.8（c）］也会显露出该缺陷。重做引脚一般发生在回收和重标记的芯片元件上。

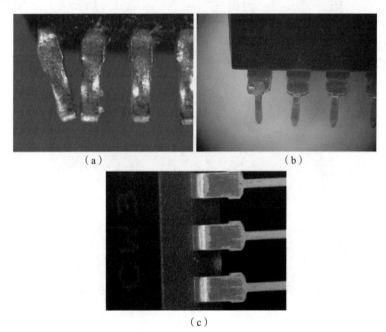

图 3.8 返工的引脚

(a) 引脚上的残余熔落物（来源：Honeywell 公司）；
(b) 修复与回流焊接的引脚（来源：Honeywell 公司）；(c) 劣质的再镀锡引脚。

3. 布局不正确（ML3）

在物理结构上，引脚、焊球和焊柱应当符合规格表中的要求，包括直度、线宽、间距等，任何要素不符合规格都可视作此类缺陷。若伪造者没有严格遵从规格表，则回收、重标记、克隆的元件（参见第2章）可能存在布局不正确的缺陷。

4. 错用材料（ML4）

当引脚、焊球和焊柱的化学成分与规格表中的要求不相符时，元件就存在错用材料的缺陷。例如，把本应使用镍作为镀层的引脚改为用锡来电镀，就是典型的错用材料缺陷。按照规定，有害的铅元素（Pb）不应出现在集成电路的引脚上。图3.9（a）显示了在能量色散谱中检测到铅（用黑圈标注），能量色散谱是一种用于检测铅存在的有效方法。

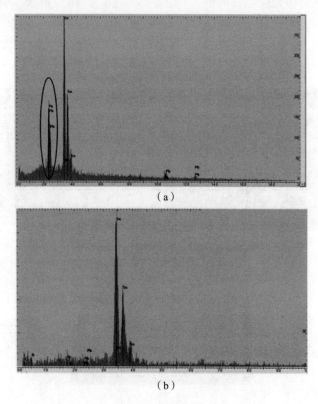

(a)

(b)

图3.9 错用材料

（a）在伪元件中发现有铅元素（Pb）；（b）正品中不含铅元素（Pb）。

错用材料缺陷在第2章所讨论的几种伪造类型中出现：①如果回收芯片的

引脚被腐蚀或受到其他形式的损坏,那么在重做引脚的过程中可能错用材料;②重标记的芯片可能只改变了表面标签,而其引脚可能未经返工,从而与更改标记后的规格不匹配;③克隆或超量生产的芯片所使用的材料可能并未遵守规格表中的要求。

5. 颜色变化（ML5）

如果引脚的颜色与规格表要求（或正品元件）不同,那么引脚可能已被返工。如果引脚表面看起来颜色较暗或光泽度差,就表明它们可能被重新焊接或是从已使用过的印制电路板上截取下来的。图 3.10 给出了此类缺陷。

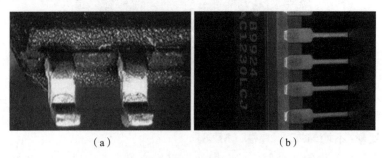

图 3.10　颜色变化
（a）引脚上残留有熔落物；(b）引脚上颜色变化。

6. 工具痕迹（ML6）

引脚上缺少工具痕迹表明该元件可能曾被使用过,因为在回收过程中,重镀引脚通常会覆盖原有的工具痕迹。引脚上出现新的工具痕迹表明该元件可能是从其他地方移植过来的。正品元件的引脚一般包含工具痕迹,这些标记的异常或缺失可作为推断伪造品的标志。

7. 错位/缺失焊球/焊柱（ML7）

阵列技术广泛运用于当今半导体工业中,可为大型集成电路提供高密度的输入/输出引脚数量。球栅阵列和柱栅阵列是集成电路中常用的两种表面贴片技术。这些阵列不仅使电路实现了更高的互连密度,而且解决了与引脚相关的一些问题（如弯曲、断裂等）。图 3.11 给出了球栅阵列集成电路的横截面图。

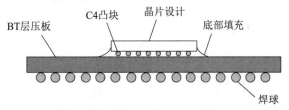

图 3.11　球栅阵列集成电路的横截面[10]

在回收阵列元件时,焊球或焊柱可能发生错位或缺失,如图3.12所示。元件上的焊球或焊柱发生错位或缺失,表明其在回收环节中可能被重做引脚。

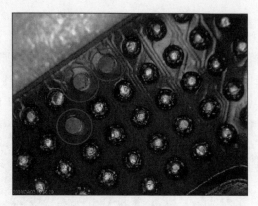

图3.12 缺失的焊球[5]

8. 变形/不均匀焊球/焊柱（ML8）

元件上有不均匀或变形焊球和焊柱表明其为伪造品。焊球上不应出现重做的痕迹。图3.13（a）给出了元件上圆珠状的焊球,图3.13（b）中残余焊接材料清晰可见被破坏的焊球。

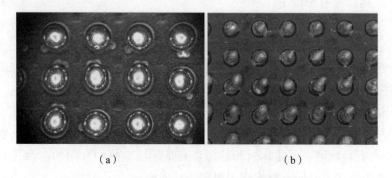

（a） （b）

图3.13 损坏或被更换的球栅阵列
(a) 变形的焊球；(b) 不均匀/损坏的焊球。

9. 引脚重接（ML9）

引脚重接是指将元件上原有引脚或球栅阵列移除,用新的或不同的引脚/球栅阵列替换,也包括对回收过程中损坏或断裂的引脚进行重接。元件引脚重接的证据有：元件上存在可见的氧化现象；引脚、焊球和焊柱的尺寸及质地不同；引脚、焊球和焊柱没有通过可焊性测试。图3.14给出了新引脚与元件上断裂旧引脚重接的情形，相连位置之间的焊接材料清晰可见［图3.14（b）］。

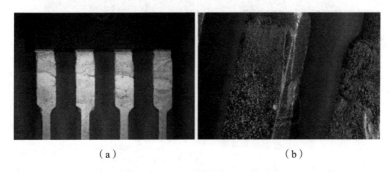

（a） （b）

图3.14 引脚重接（来源：Honeywell公司）
（a）重接的引脚；（b）引脚重接位置的局部放大图。

3.3.2 封装

集成电路的封装提供了与其真实性相关的重要信息，包括来源国、日期和批号、设备制造商识别码等。如果元件封装外部呈现出打磨或抛光过的标记，其很可能是回收或重标记元件，需要进一步检查元件顶部的黑色图层来加以确定。封装上的隐藏标记、颜色变化、纹理异常和无关标记都能表明元件已被重复使用。

目前有基于环氧模塑料、陶瓷材料、金属或工程热塑性材料的几种类型[11]。完整的芯片包装需要使用其他材料形成相应的开放腔来进行封装。90%以上的半导体封装采用环氧模塑料封装类型[11]，因为该种封装方式成本最低。对于全密封封装而言，主要是采用陶瓷材料、金属，或者两种材料一起使用[12]，这样不仅能够防止氧气和水蒸气，还能保护元件在运输和搬运过程中不会受到损坏。下面将对所有类型的封装缺陷进行介绍。

1. 打磨/抛光标记（MP1）

如果元件封装表面出现任何打磨或抛光的标记，其极有可能被重标记过。伪造者一般采用喷砂工艺来去除封装上的原有标记，此过程通常会导致封装上留下明显的痕迹。图3.15给出了伪集成电路上打磨过的痕迹。

2. 标记缺陷（MP2）

标记应当与经过认证的元件相吻合。标记缺陷是指认证元件的标记与元件本身不相匹配。封装上的标记应当永久有效，且清晰可见，不能有重标记的迹象。

图 3.15　打磨标记
(a) 打磨封装顶部表面；(b) 打磨带来的凹陷。

图 3.16 给出了两种标记有"支持 Motorola 处理器周边元件扩展接口的 Tundra 桥"的不同伪电子元件。伪造者通过将这些元件的顶部涂黑来进行重标记。对比两个元件的封装，其左上角出现的原产地标识位置不一致。在图 3.16 (a) 中，原产地标识与 TUNDRA 商标靠得较近；而在图 3.16 (b) 中，原产地标识更靠近模具痕迹。这些元件标记的质量也很差，字母的角不锋利，并且放大后会发现许多字母上都有孔。

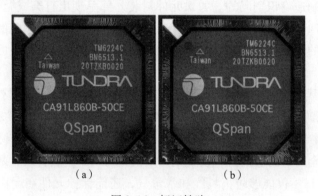

图 3.16　标记缺陷
(a) 画圈的标记靠近 TUNDRA 商标；(b) 画圈的标记靠近模具痕迹。

3. 灼烧印记（MP3）

封装标记大多采用激光加工技术。在重标记过程中，激光束的不精确曝光可能会在封装表面留下灼烧印记，如图 3.17 所示。

4. 隐藏标记（MP4）

隐藏标记是指伪造者在元件上打印新标记之前没能完全移除原有的标记，原有标记在新标记的后面依然微弱可见，通过低倍放大或经过标记永久性测试都能看到元件的原有标记。在图 3.18 (a) 中，原有的白色标记清晰可见。

图 3.18（b）给出了典型隐藏标记的情形，残留的原始标记位于元件的右侧。

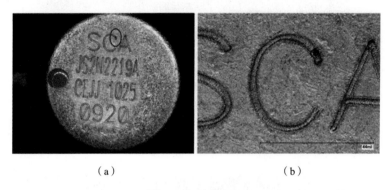

(a)　　　　　　　　　　　　(b)

图 3.17　灼烧印记

(a) 用圆圈标注的灼烧印记；(b) 灼烧印记位置的放大图。

(a)　　　　　　　　　　　　(b)

图 3.18　隐藏标记

(a) 新标记位于残留原始标记的上方；(b) 用圆圈标注的残留标记。

5. 颜色变化/褪去（MP5）

元件封装褪色表明其为伪电子元件。图 3.19（a）给出了同一批 Intel 处理器中颜色的差异。此外，通过处理器封装表面的浅黑色印记，能够推断其先前与芯片散热器进行过连接，如图 3.19（b）所示。

6. 纹理异常（MP6）

纹理异常是指元件封装顶部、侧面，以及底部的局部纹理与整体不相匹配。顶部涂黑就是为了掩盖因打磨或抛光留下的痕迹。如果元件的顶部被涂黑，那么其顶部与侧面、顶部与底部之间的纹理就会存在差异。图 3.20（b）通过对 3.20（a）进行局部放大，展示了相对元件中央部分而言，模具痕迹和拐角附近的纹理出现变化（黑色更深，纹理更光滑）。

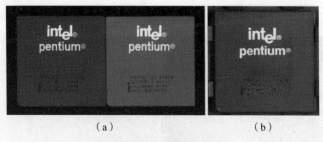

图 3.19 颜色变化

(a) 颜色差异；(b) 散热器留下的印记。

图 3.20 纹理异常

(a) 异常纹理用圆圈标注；(b) 元件边沿拐角处的局部放大图。

7. 无关印记（MP7）

无关印记是指元件表面出现的划痕［图 3.21（a）］或墨迹点等多余的痕迹，包括焊接球和焊柱在柱栅阵列/球栅阵列中留下的痕迹，如图 3.21（b）所示。

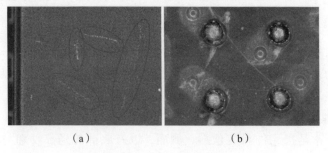

图 3.21 无关标记

(a) 封装上的划痕；(b) 球栅阵列倒装芯片底层的划痕（来源：Honeywell 公司）。

8. 空腔污染（MP8）

空腔污染是指密封元件的封装空腔中不干净或附着额外的材料。密封空腔通常用于保护集成电路元件不受机械和搬运压力的影响，其对于具有易碎表面特性的元件而言尤为重要。

9. 尺寸/重量不正确（MP9）

封装尺寸应与元件规格表保持一致。由于翻新表面和顶部涂黑，元件的重量可能会产生变化。图 3.22 给出了因打磨产生的倾斜边缘。

图 3.22　尺寸不正确（来源：Honeywell 公司）

10. 细微/严重泄露（密封封装）（MP10）

密封盖对于密封封装元件十分重要，它能够保证元件在其设计工作环境中正常运行。过度的外力或热量会损坏元件的密封盖，这样的情况在暴力回收过程中经常会发生。

11. 封装塑模变化（MP11）

封装塑模通常是由环氧树脂、酚醛硬化剂、二氧化硅、催化剂、颜料、脱模剂等组成的复合材料。元件的封装塑模相比产品规格表（正品）发生变化，则可以说明该元件是伪造品。同批次元件出现不同的封装塑模形状，也可表明其中一些元件可能是伪造的。回收、重标记、超量生产和克隆的伪造品很可能出现此类缺陷。

12. 封装损坏（MP12）

封装损坏是指元件出现裂缝或缺口。图 3.23（a）显示了存在外部裂纹。图 3.23（b）显示了由于搬运不当，造成集成电路芯片边角出现缺口。

13. 翻新表面/顶部涂黑（MP13）

如果元件封装的一个或多个侧面涂有二次涂层，那么其表面很可能已被翻新或涂黑。添加二次涂层是为了使元件封装上的原有特征模糊化，并与同批其他元件保持视觉一致性。图 3.24 展示了在移除顶部涂黑层之后，暴露出来的打磨印记。

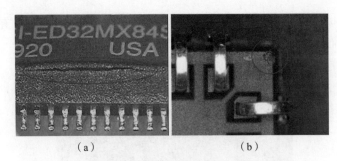

图 3.23　封装破损
(a) 外部裂缝[13]；(b) 芯片封装边角缺口。

图 3.24　表面翻新/顶部涂黑
(a) 光学图像；(b) 扫描电子显微镜图像。

14. 引脚 1 标记填充/缺失（MP14）

引脚 1 标记表明了元件第 1 引脚的位置。元件上引脚 1 或模具痕迹（凹孔）可能出现以下几种情况：①含有产品生产码；②缺失；③被"顶部涂黑"填充；④缺乏光泽。图 3.25 中展示的引脚 1 凹孔很浅，并且有打磨过的痕迹。

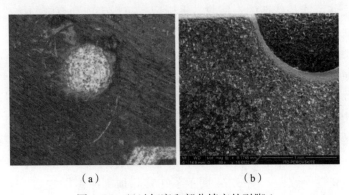

图 3.25　经过打磨和部分填充的引脚 1
(a) 被打磨过的引脚 1；(b) 被填充过的引脚 1。

3.3.3 键合线

集成电路包含晶片、键合线和用于将各部分固定的结构,如图 3.26 所示。这些内部构件能够为元件的真实性提供有用的认证信息。观察元件的外形、尺寸和键合线数量十分重要。为了达到更好的载流能力,一些电路采用了双路电源和接地连接。元件键合线的缺失或损坏会导致其在使用中出现故障。下面对与键合线相关的缺陷进行介绍。

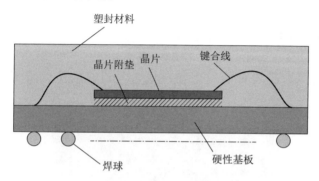

图 3.26 键合线封装芯片

1. 键合线缺失(MB1)

集成电路内部含有晶片和键合线。如果缺失了一些键合线,电路在运行工作时将会发生故障。通常,晶片的每处连接都采用多个键合线来完成,以保证足够的电流载荷。回收元件在正常情况下能够按指标性能运行,然而在极端条件下很可能出现故障。因为回收元件使用的是完全重包装的旧晶片或克隆晶片,伪造者往往只对其采用单一键合线。在图 3.27(a)中,元件缺失键合线。图 3.27(b)给出了相应正品元件的键合线。

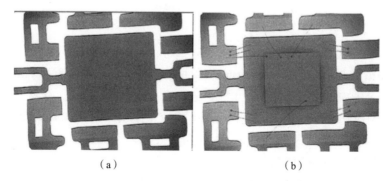

图 3.27 键合线缺失[8]

(a)伪电子元件;(b)正品元件。

2. 接触不良（MB2）

接触不良是指晶片与引脚、焊球或焊柱之间的连接不稳定。有该种缺陷的元件在正常运行一段时间后，性能可能突然下降。如果受到过量的环境压力或猛烈的冲击（如静电放电），键合线可能被完全烧毁。这种缺陷在回收元件中可能会出现，因为其键合线在先前的使用中就发生老化。此外，不合格/缺陷元件也有可能出现此类情况。克隆元件在伪造过程中由于使用劣质材料，也会导致键合线接触不良。

3. 键合线断裂（MB3）

回收元件在回收过程中（详见第2章）由于执行了不规范的操作，与晶片连接的键合线存在损坏的情况。图3.28展示了元件封装中一些被损坏了的键合线。此类情况还可能发生在一些未经封装的不合格元件或缺陷元件上。

图 3.28　损坏的键合线
（来源：Honeywell 公司）

4. 引脚覆盖膜/引脚框架（劣质/不一致）（MB4）

引脚覆盖膜不一致是识别伪电子元件的有效依据，同批产品中出现两种不同的引脚框架结构也是判断伪电子元件的有效依据。图3.29展示了两个Intel TB28F400B5-B80伪闪存电子元件采用了两种不同的引脚框架结构。与图3.29（a）相比，图3.29（b）中的晶片被旋转了180°。

5. 键合线重做（MB5）

在回收过程中，伪造者将旧元件封装中的晶片取出，重新封装后形成伪元件。键合线端头被重新焊接后，会呈现出双焊球（图3.30），而正品元件相应

第 3 章 伪集成电路缺陷

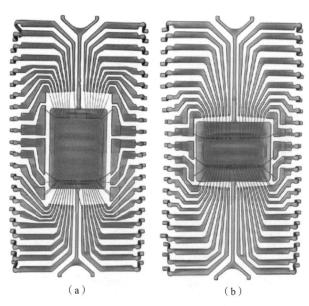

图 3.29 不同的引脚框架结构
(a) 正品元件的晶片；(b) 被旋转的晶片。

位置通常为单个焊球。元件键合线端头上出现一定数量的双焊球表明键合线被重做。若所有键合线端头全为双焊球，则表明伪电子元件使用了回收过的晶片。

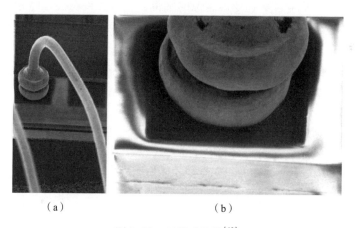

图 3.30 双焊球连接[13]
(a) 键合线为双焊球连接；(b) 连接处的局部放大。

6. 连接拉引强度差（MB6）

连接拉引强度包括键合线强度，以及键合线与衬垫连接的强度，可用来衡量元件是否属于伪造品。连接拉引强度差的伪电子元件（例如，回收、不合格/有缺陷、克隆和超量生产）存在不正确的键合线，或者键合线与衬垫的金属连接形式异常，从而导致接触不良。在最坏的情况下，键合线与晶片之间会完全分离，如图 3.31 所示。

图 3.31　未接触的键合线[13]

3.3.4　晶片

晶片是一种能够在其上制作电路的半导体材料，对晶片进行详细检查是十分重要的。曾经发生过一起令人震惊的案例，一批元件在装运时才发现封装内部居然没有晶片[8]。当然，这样的情况并不多见。较为常见的情况是，元件内部的晶片与其封装上标记的类型不相符，这是由于元件的封装被重标记或不同的晶片被植入伪电子元件的封装中。将晶片上的标记与封装上的标记进行比较，能够帮助鉴别元件的真实性。下面介绍关于晶片缺陷的具体内容。

1. 晶片缺失（MD1）

晶片缺失是指元件封装中缺少晶片。图 3.27（a）给出了一个伪集成电路的 X 射线图像，可以发现元件中没有晶片。

2. 晶片错置（MD2）

晶片错置是指元件封装中实际放置的晶片不符合预期规格。同一产品批次中出现不同放置方向的晶片也属于此类情况。图 3.32 展示了 AMD 元件封装中出现了 Intel 晶片。

同批次产品中出现尺寸不同的晶片，说明存在晶片错置的情形。然而，在不同批次产品中，晶片的尺寸可能会不同，因为 OCM 可能采用了新的工艺（例如，相对于较旧的 90nm 加工工艺，使用较新的 45nm 工艺，可在更小的晶

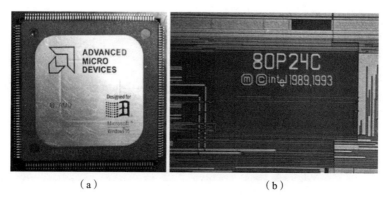

(a) (b)

图 3.32　Intel 晶片出现在 AMD 元件封装中
(a) AMD 元件封装；(b) Intel 晶片。

片尺寸上进行电路加工)。同样,同批次产品中出现不同的晶片布局也可能意味着晶片错置。然而,不同批次产品中具有不同的晶片布局并不意味着晶片错置,因为 OCM 针对同一款产品设计可能采用好几种不同的晶片布局。

3. 分层开裂 (MD3)

由于制造工艺中的瑕疵,晶片的层间可能存在微量的空气。当受热时,含有空气的封闭空间会发生膨胀。如果封闭空间中有足够多的空气,受热膨胀达到一定程度就会使晶片出现分层,即与封闭气体空间相邻或衔接的晶片层彼此分离,导致电路在分离处破裂,类似于"爆米花"。

4. 粗裂纹 (MD4)

在暴力回收过程中,元件可能经历极端的温度变化和其设计指标无法承受的严酷环境,导致晶片上出现粗裂纹。

5. 晶片标记不正确 (MD5)

将元件的晶片标记与封装标记进行比对,可帮助验证产品的真伪。如果晶片标记与封装标记不匹配,那么元件属于伪造品的概率极高。然而,在某些产品中,OCM 对晶片和封装采用了不同的标记。

6. 晶片损坏/无关印记 (MD6)

晶片在回收过程中可能被损坏,划痕等无关印记也有可能在晶片上出现。图 3.33 给出了一块 Intel TB28F400B5-B80 闪存 [图 3.33 (a)] 中被损坏的晶片 [图 3.33 (b)]。X 射线图像中的空隙是由暴力回收过程所致的。

7. 晶片黏结剂低劣/不一致 (MD7)

元件晶片黏结剂含有过多的空隙或彼此不一致,元件就有可能是重做或克隆的产品。

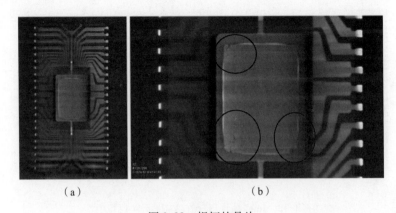

图 3.33 损坏的晶片

(a) 一块 Intel TB28F400B5-B80 闪存；(b) 损坏的角用圆圈标出。

3.4 环境缺陷

当环境参数与元件外部结构相互作用时，就会产生环境缺陷。元件长时间存放在没有适当保护的条件下，会导致引脚氧化和腐蚀。此外，在回收过程中，元件引脚在较高的温度下容易被氧化和被其他材料污染。图 3.34 给出了环境缺陷的分类。

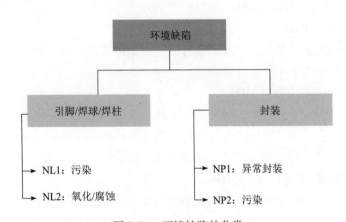

图 3.34 环境缺陷的分类

1. 引脚/焊球/焊柱

（1）污染（NL1）。引脚、焊球或焊柱受到限制性使用有害物质（ROHS）的污染。在受到污染的情况下，镀层可能未受损伤，但其可能沾染上有机物。

(2)氧化/腐蚀(NL2)。由于经历了严酷的回收过程,引脚可能被氧化或腐蚀。引脚上的金属须表明其存储不当或引脚材料异常。图3.35展示了引脚上的氧化或腐蚀,清晰地表明元件在保存过程中没有采用正确的环境防护措施。

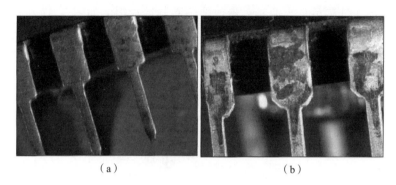

图3.35 集成电路引脚氧化

(a)引脚被氧化污染;(b)引脚顶端氧化。

2. 封装

(1)异常封装(NP1)。异常封装包括元件出现被腐蚀的情况,如图3.36所示。严酷的回收过程将对异常封装的元件造成很大损害。

(2)污染(NP2)。元件封装一般由环氧树脂模塑料、陶瓷、金属或工程热塑性材料制成[11]。元件露天放置时可能会受到污染,回收过程中也可能受到污染。

图3.36 集成电路封装上的腐蚀(来源:Honeywell公司)

3.5 电子缺陷

电子缺陷是指电子系统中实际安装的硬件与设计标准不相符合。伪电子元件典型的电子缺陷可分为两种：参数缺陷和制造缺陷，如图 3.37 所示。电子缺陷会导致元件在功能和参数上出现异常。与前面介绍的过程缺陷、机械缺陷和环境缺陷不同，大多数电子缺陷难以用肉眼直接发现。关于电子缺陷的详细描述，可查阅文献 [14-15]。

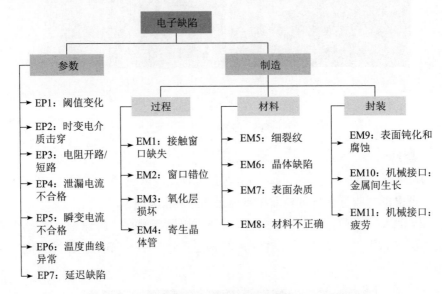

图 3.37 电子缺陷的分类

3.5.1 参数缺陷

参数缺陷表现在元件运行参数与设计期望之间的偏差。例如，随着芯片使用老化，其电路参数可能会发生偏差。芯片的使用老化与 4 种因素有关，通常都表现为芯片尺寸的收缩。其中对于 PMOS 和 NMOS，最主要的现象分别是负偏压温度不稳定性（NBTI）[16-20] 与热载流子注入（HCI）[20-23]。由于在 Si/SiO$_2$ 接触面会产生不完全的界面陷阱，NBTI 常发生于有负栅电压激励和温度上升的 PMOS 上。去掉电压激励可以使一些界面陷阱退火，但并不完全，从而表现为阈值电压 V_{th} 和绝对截止电流 I_{off} 增大，而绝对漏极电流 I_{DSat} 和跨导 g_m 减小。HCI 发生在 NMOS 上，因翻转过程中漏极附近 Si/SiO$_2$ 界面俘获的界面电荷所致，这将使得阈值电压 V_{th} 出现不可恢复的下降，也会导致泄漏电流和瞬变电流与规格不符。所有这些参数的变化还会直接造成电路延迟缺陷。

时变电介质击穿（TDDB）[24-25]是元件老化所造成的另一种影响，会对MOS设备产生不可恢复的损坏。氧化层很薄的MOS设备通常需要经受很高的电场强度。高电场强度下的载流子注入会导致氧化物特性逐渐退化，最终导致电介质层突然损坏。在高电流密度下，金属膜导体大量运输电荷产生的电迁移[26]会引起设备随着时间的推移出现故障。如果设备中的两条电通路连接靠得过近，原子的迁移会导致它们之间形成桥接。导体金属的明显损耗也可能导致电路开路。这些取决于电路的工作负荷（输入组合、温度、环境噪声等）和技术节点，芯片性能下降的程度与众多因素有关。

电子元件的参数缺陷可能在所有伪造类型中都会出现。例如，由于长时间使用造成的设备参数变化，会在回收元件中表现出电子缺陷。对于超量生产和不合格/有缺陷的元件，制造标准的更改同样会导致该缺陷产生。非可信实体可能从供应链中收集具有开路、短路缺陷的元件。克隆元件在制造过程中可能采用了不同于正品的技术节点，或者没有经过正确测试，因此也可能存在电子缺陷。

下面将对各种类型的参数缺陷进行简要讨论。

1. 阈值变化（EP1）

当按照规格表要求输入低电压（VIL）和输入高电压（VIH）时，不能触发设备输出变化（由高变低或由低变高），就造成了阈值变化缺陷。元件的输入输出电压一般随着技术工艺的提高而降低。例如，对于同一功能元件的输入低电压（VIL）和输入高电压（VIH），采用90nm技术加工工艺会高于采用45nm加工工艺。

2. 时变电解质击穿（EP2）

当恒定电场强度小于电介质击穿强度时，电介质（栅氧化物）却随着时间推移被击穿，就会发生时变电解质击穿现象。高电场强度下的载流子注入会导致氧化物特性逐渐退化，最终导致电介质层突然损坏。

3. 电阻开路/短路（EP3）

元件在使用中可能由于电迁移发生开路或短路。电迁移是指在高电流密度和老化影响下，金属膜导体大量运输电荷，这样会导致设备随着时间的推移出现故障。电迁移经常发生在铝（Al）制作的元件引脚上。如果两条电通路连接靠得过近，原子的迁移就会导致它们之间形成桥接（产生短路）。在电流的作用下，电子与引脚中的铝原子进行碰撞，使铝制引脚退化，最终由于铝原子的错位导致引脚被电流烧毁。重标记为更高等级的元件和回收元件可能因电迁移而出现预料之外的故障。

4. 泄漏电流不合格（EP4）

泄漏电流不合格是指 CMOS 设备处于开或关状态时出现超出预期的电流。伪电子元件的泄漏电流不同于正品元件或规格表指标。采用不同工艺制造的元件可能导致该缺陷，通常采用较低工艺制造的元件可能出现较大的泄漏电流[27]。例如，相比采用 90nm 工艺制造的元件，采用 45nm 工艺能够实现较小的泄漏电流。此外，随着设备的使用老化，其阈值电压的提高使得泄漏电流减小[28]。

5. 瞬变电流不合格（EP5）

瞬变电流是指 CMOS 电路在开关状态翻转时产生的电流。当元件的瞬变电流与正品元件或规格表指标不相符时，出现该类缺陷。采用不同技术节点制造的元件具有不同瞬变电流，工艺偏差也可能导致元件的瞬变电流指标存在缺陷。该缺陷在所有伪造类型中都可能出现。

6. 温度曲线异常（EP6）

电路的工作负荷（输入组合、温度、环境噪声等），以及其采用的工艺决定了芯片的退化过程。由于元件运行时的温度受多种电路参数（如阈值电压）的影响，随着时间的推移，其退化会形成不同的温度曲线。在热量特性方面，经过前期退化的回收芯片与新芯片不同。重标记、克隆、超量生产或有缺陷的伪电子元件可能具有异常的温度曲线，因为异常的电气参数会导致异常的热量特性。

7. 延迟缺陷（EP7）

延迟缺陷是指因制造过程中的瑕疵或前期使用的退化，造成电路通道传输产生额外的延迟。如果重要的电路通道上发生显著的传输延迟，电路在运行中就会出现故障。

3.5.2 制造缺陷

制造缺陷可分为 3 类：过程缺陷、材料缺陷和封装缺陷，如图 3.37 所示。过程缺陷来源于制造中的照相平版印制和蚀刻环节，光掩模未对准以及蚀刻过度/不足会导致过程缺陷。与"材料"有关的缺陷，由元件中硅或氧化层所含杂质造成。硅中的晶体缺陷改变了载流子的产生与复合，最终导致设备出现故障。晶体缺陷、表面杂质和不适当的材料都属于此种类型。下面将对这些缺陷进行更加详细地介绍。

由于这些缺陷是在元件制造过程中产生的，它们可能存在于：①不合格/有缺陷的伪电子元件，非可信实体可将这些伪元件供应到市场上；②超量生产和克隆的伪电子元件，非可信制造厂在没有经过正确测试的情况下输出这些伪电子元件。人们可能不会在回收和重标记的电子元件中发现这些缺陷,因为此类伪电子元件一般会先经过适当的测试,然后进入供应链。

1. 接触窗口缺失(EM1)

光掩模未对准以及蚀刻过度或不足会导致接触窗口缺失。当晶体管的金属-多晶硅窗口缺失时,晶体管的栅极将会发生浮动。

2. 窗口错位(EM2)

光掩模未对准会引发窗口错位,从而影响设备的载流能力,并可能形成寄生晶体管。

3. 氧化层损坏(EM3)

氧化层很薄的 MOS 设备通常需要经受很高的电场强度。这种瑕疵是由于生产中的偏差所致,如果没有经过正确的测试,含有瑕疵的设备出厂后将流入到供应链中。氧化层损坏缺陷可能出现在超量生产、不合格或有缺陷的伪造品中。

4. 寄生晶体管(EM4)

由于过度蚀刻和接触窗口未对准,寄生晶体管效应可能发生在相邻的设备之间。当两个相邻扩散区之间的电场强度足以使晶片层恢复到电通路时,电荷将产生大量堆积,导致设备发生故障。

5. 细裂纹(EM5)

在元件制造的各个环节中,对晶片的不正确操作可能会导致细裂纹的产生。

6. 晶体缺陷(EM6)

硅中的晶体缺陷改变了载流子的产生与复合,最终导致设备出现故障。

7. 表面杂质(EM7)

硅或氧化层中的杂质造成了该缺陷。

8. 材料不正确(密封、环氧树脂、电介质等)(EM8)

元件上的密封、环氧树脂、电介质材料不正确造成了该缺陷。

9. 表面钝化和腐蚀(EM9)

钝化层能够为晶片提供一定形式的保护。腐蚀会导致元件出现裂缝,或者使其引脚孔形成钝化层,从而引发故障。此外,元件上的铝材料层易被钠和氯化物污染与腐蚀,并导致开口的形成。

10. 机械接口:金属间生长(EM10)

金属杂质将造成元件键合线和其他机械接口的金属间生长,会导致设备出现故障。

11. 机械接口：疲劳（EM11）

温度是造成元件键合线和其他机械接口产生疲劳的原因，会导致设备出现故障。

3.6 总结

在本章中，提出了诸多伪电子元件所存在的缺陷。为了说明给定的集成电路是伪造品，只需找出其存在的一个或多个相关缺陷即可。不同类型的集成电路具有不同的缺陷，缺陷可能存在于元件的封装、硅晶片、键合线或集成电路的其他要素中。此外，随着伪造元件的不断增长，其存在缺陷的数量和检测复杂度难以一一列举。本章尝试着对目前已知的电子元件缺陷进行了详尽地分类。

根据可疑集成电路中缺陷的位置和性质，电子元件缺陷可分为4类：过程缺陷、机械缺陷、环境缺陷和电子缺陷。过程缺陷体现在元件包装错误和偏差上。通过与OCM取得联系，并验证生产批号信息的真实性，很容易发现该类缺陷。机械缺陷体现为集成电路的物理构成缺陷，包括残留印记、错用材料、颜色变化和其他异常的物理特征。这些缺陷通常不会出现在正品元件中，位于伪集成电路的引脚、封装、键合线及晶片上。环境缺陷包括元件封装及引脚被污染或腐蚀，可能由元件回收导致。环境缺陷一般是由于回收和重标记中暴力处理和恶劣的环境所致。电子缺陷一方面表现为参数缺陷，如泄漏电流不合格、温度曲线异常等；另一方面表现为制造缺陷，如制造过程中产生的晶体缺陷。在对元件的电子缺陷进行检测时，需要将待测集成电路与验证过的正品集成电路进行对比。

如果待测元件存在的缺陷越多，那么其被确定为伪电子产品的置信度也就越高（参见第6章中伪电子元件的检测指标）。这里需要强调一下，本章中列举的电子元件缺陷并不是一成不变的。随着伪造性质和范围的变化，更新、更细微的缺陷可能会出现，针对这些缺陷，需要进一步完善用于伪电子元件检测的指标集。

参考文献

[1] U Guin, D DiMase, M Tehranipoor. A comprehensive framework for counterfeit defect cover-

age analysis and detection assessment. J. Electron. Test. 30(1), 25-40 (2014).

[2] U Guin, D DiMase, M Tehranipoor. Counterfeit integrated circuits: detection, avoidance, and the challenges ahead. J. Electron. Test. 30(1), 9-23 (2014).

[3] U Guin, M Tehranipoor. On selection of counterfeit IC detection methods, in IEEE North Atlantic Test Workshop (NATW), (2013).

[4] Intel. Shipping and Transport Media, (2004). http://www.intel.com/content/dam/www/public/us/en/documents/packaging-databooks/packaging-chapter-10-databook.pdf.

[5] IDEA. Acceptability of electronic components distributed in the open market, (2011). http://www.idofea.org/products/118-idea-std-1010b.

[6] Department of Defense. Performance Specification: Hybrid Microcircuits, General Specification For, (2009). http://www.dscc.dla.mil/Downloads/MilSpec/Docs/MIL-PRF-38534/prf38534.pdf.

[7] Texas Instruments. Device Marking Conventions, (2005). http://www.ti.com/lit/an/snoa039c/snoa039c.pdf.

[8] C Abesamis. Counterfeit Parts Inspection and Detection. http://www.erai.com/CustomUploads/conference/2013/PDF/CPAT_INSPECTION.pdf.

[9] CTI. Counterfeit Examples: Electronic Components, (2013). http://www.cti-us.com/pdf/CCAP101InspectExamplesA6.pdf.

[10] Intel. Ball Grid Array (BGA) Packaging, (2000). http://www.intel.com/content/dam/www/public/us/en/documents/packaging-databooks/packaging-chapter-14-databook.pdf.

[11] D Ross, J Roman, E Ito. Choosing the right material for RF packaging (2007). http://www2.electronicproducts.com/Choosing_the_right_material_for_RF_packaging-articlefarcjrticona-nov2007-html.aspx.

[12] P Bereznycky. Ceramic to Plastic Packaging, (2010). http://www.navyb2pcoe.org/pdf/wiki/Empfasis%20RD%20-%20Ceramic%20to%20Plastic%20Packaging.pdf.

[13] M Marshall. Best Detection Methods for Counterfeit Components, (2011). http://www.smta.org/chapters/files/SMTA_Great_Lakes_Chapter_Counterfeit_Components_Integra_Mark_Marshall_(4-11_General)_handout_2.pdf.

[14] M Bushnell, V Agrawal. Essentials of Electronic Testing for Digital, Memory, and MixedSignal VLSI Circuits. (Springer, New York, 2000).

[15] M Howes, D V Morgan. Reliability and Degradation of Semiconductor Devices and Circuits. (Wiley, Chichester, 1981).

[16] M Alam, S Mahapatra. A comprehensive model of pmos nbti degradation. Microelectron. Reliab. 45(1), 71-81 (2005).

[17] S Bhardwaj, W Wang, R Vattikonda, et al. Predictive modeling of the nbti effect for reliable design, in Proc. of IEEE on Custom Integrated Circuits Conference, (2006), pp. 189-192.

[18] V Reddy, A Krishnan, A Marshall, et al. Impact of negative bias temperature instability on digital circuit reliability, in Proc. on Reliability Physics, (2002), pp. 248-254.

[19] D K Schroder, J A Babcock. Negative bias temperature instability: Road to cross in deep submicron silicon semiconductor manufacturing. Appl. Phys. 94(1), 1-18 (2003) References 73.

[20] W Wang, V Reddy, A Krishnan, et al. Compact modeling and simulation of circuit reliability for 65-nm CMOS technology. IEEE Trans. Device Mater. Reliab. 7(4), 509-517 (2007).

[21] K L Chen, S Saller, I Groves, et al. Reliability effects on MOS transistors due to hot carrier injection. IEEE Trans. Device Mater. Reliab. 32(2), 386-393 (1985).

[22] S Mahapatra, D Saha, D Varghese, et al. On the generation and recovery of interface traps in mosfets subjected to nbti, fn, and hci stress. IEEE Trans. Device Mater. Reliab. 53(7), 1583-1592 (2006).

[23] J McPherson. Reliability challenges for 45 nm and beyond, in Proc. of ACM/IEEE on Design Automation Conference, (2006), pp. 176-181.

[24] G Groeseneken, R Degraeve, T Nigam. et al. Hot carrier degradation and time-dependent dielectric breakdown in oxides. Microelectron. Eng. 49(1-2), pp. 27-40(1999).

[25] J Stathis. Physical and predictive models of ultrathin oxide reliability in CMOS devices and circuits. IEEE Trans. Device Mater. Reliab. 1(1), 43-59 (2001).

[26] J Black. Electromigration-a brief survey and some recent results. IEEE Trans. Electron Devices. 16(4), 338-347 (1969).

[27] H Iwai. Roadmap for 22 nm and beyond (invited paper). Microelectron. Eng. 86(7-9), 1520-1528 (2009).

[28] N Kim, T Austin, D Baauw, et al. Leakage current: Moore's law meets static power. Computer. 36(12), 68-75 (2003).

第 4 章
基于物理测试的伪集成电路检测

近年来，随着电子元件供应链中的伪造品不断增多，电子元件制造商、分销商及用户有必要对所有来源元件的真实性进行检查，尤其是那些用于关键系统、重要基础设施与应用领域（航空航天、军事、医疗、交通运输等）的元件。在这些系统中使用被篡改的、可靠性差的或不可信的伪电子元件，会导致灾难性的后果。此外，关键系统中通常含有一些过时的电子元件将无法再从 OCM 或其授权的分销商那里获得。根据供求规律，过时元件的价格往往更高，增加了伪造此类元件的动机。

目前，已提出一些区分电子元件真伪的测试方法，这些测试方法均可用于检测前文讨论的一种或多种伪电子元件缺陷。虽然这些测试方法的指导原则、规范要求和执行流程已在部分标准中进行了概述[1-4]，但是，仍有必要对这些测试方法的挑战和限制进行深入分析。

本章，首先给出了伪电子元件检测方法的详细分类，大体上可分为两类：物理测试和电气测试。本章主要讨论物理测试。物理测试的重点是找出与元件封装、键合线、晶片等相关的外部、内部，以及材料等方面的缺陷。本章讨论的物理测试涵盖了从简单外部视觉检查（EVI），到依靠扫描电子显微镜（SEM）和 X 射线断层扫描的先进成像技术。本章将对这些测试方法进行全面讨论，包括它们的目标、所需设备及其运用上所面临的挑战和局限。电气测试的有关内容将在第 5 章中讨论。

4.1 伪电子元件检测方法的分类

图 4.1 给出了伪电子元件检测方法的分类。物理测试可用于检验元件的封装、引脚及晶片的物理和化学/材料特性，以检测伪电子元件存在的过程缺陷、机械缺陷和环境缺陷（参见第 3 章）。在进行电子元件检测时，首先采用物理测试来检查元件是否存在伪造的迹象。使用成像技术对元件的外部和内部进行彻底检查是物理测试中的重要部分。通过外部测试，可对元件的外部封装和引脚进行分析。例如，使用手持或自动测试设备可对元件的物理尺寸进行测量。任何与产品规格表不一致的异常偏差都表明元件存在伪造嫌疑。

元件的化学成分可通过材料分析得以验证，如材料错误、污渍、引脚与封装氧化等缺陷都可在材料分析过程中被检测出来。目前已有多种测试方法可用于材料分析，如 X 射线荧光（XRF）、能量色散谱（EDS）、离子层析测试（Ⅱ）、拉曼光谱测试傅里叶变换红外谱（FTIR）等。

晶片、键合线等元件的内部结构可以采用开封或 X 射线成像来进行检查。目前有 3 种主流商用开封方法：化学开封、机械开封或激光开封。化学开封需要使用酸溶液来腐蚀封装。基于激光的新开封方法能够有效移除封装的某一局部区域。机械开封需要通过磨削元件使其晶片暴露出来。元件开封后，暴露出所关注的内部结构，此时需要进行内部测试。内部测试包括查看晶片真实性、晶片上的粗裂纹、断层、晶片损坏、晶片标记缺失、键合线断裂、键合线重做、键合线拉伸等。

电气测试是验证元件运行功能正确与否的唯一方法，其能够高效、无损地检测出伪电子元件。元件的大部分电子类缺陷（参见图 3.1）都可以采用电气测试有效检测出来。此外，与晶片及键合线相关的缺陷也可用电气测试方法来检测。在测试计划中引入电气测试的主要优点是，可鉴别克隆、不合格/有缺陷、超量生产、回收及重标记的元件，这些元件中大部分存在电子缺陷（参见 3.5.2 节）。第 5 章将详细介绍电气测试方法。

伪电子元件检测方法的分类在文献 [5-9] 中进行了介绍。本章根据伪电子元件检测标准[1-4]对检测方法的分类进行了调整，如图 4.1 所示。

第 4 章 基于物理测试的伪集成电路检测

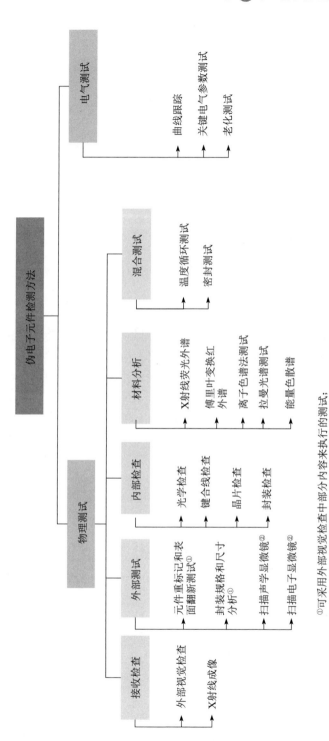

图4.1 伪电子元件检测方法分类

4.2 物理测试

对元件进行真伪鉴别测试，首先应进行物理测试，包括对元件封装、引脚和晶片的物理及化学特性进行全面检查。一些物理测试方法是比较容易实施的，如外部视觉检查（EVI）、X 射线成像等，而另一些则需要定制昂贵的设备，如扫描电子显微镜（SEM）、声学扫描显微镜（SAM）等，并需要熟练的操作员参与其中，有时，还需要领域专家（SME）对测试结果进行必要的解析。下面，将介绍一些有效的物理测试方法。

4.2.1 外部视觉检查（EVI）

外部视觉检查通常是对所有待测元件的第一项测试，包含多个步骤。

1. 常规外部视觉检查

元件封装和运输材料的状态可以通过常规外部视觉检查来进行验证。此外，该方法还能验证元件本身的一些物理属性。但是，检查时不会将待测元件从包装袋或卷筒中取出。检查元件可使用低倍放大镜（通常小于 10 倍）。对所有元件的检查都应当遵循正确的保护措施，如标准 ANSI/ESD S20.20 中描述了静电放电（ESD）敏感元件的处理原则，标准 IPC/JEDEC J-STD-20 和 J-STD-033 中描述了潮湿敏感元件的处理原则。主要检查以下要素。

（1）封装。将待测元件的封装与 OCM 封装进行比较，仔细检查封装上可能存在的任何损坏。

（2）文档。将接收到的产品文档与封装、内外部运输标签一同进行验证。需要对 OCM 的日志、运输来源、合格证书进行仔细检查，并通过 OCM 完成验证。

（3）保护措施。静电放电敏感元件应按照 EIA 标准第 541 条中的静电放电要求进行装运。类似地，潮湿敏感元件应按照标准 IPC/JEDEC J-STD-020C 中的要求进行包装。检查中要确保静电放电敏感元件包装袋、湿度指示卡和潮湿敏感性元件包装袋处于完全良好的状态。所有元件在检查中还必须小心取放，以保证其不受损坏。

（4）放置方向。检查包装袋或卷筒中所有元件的放置方向。在正品批次中，元件的放置方向是相同的。例如，元件引脚 1 标记均朝向操作员。包装中出现不同放置方向的元件，表明其中部分或全部元件可能已被替换为对应型号的伪芯片，需要进一步加以验证。

（5）非法标记。检查元件上标记的合规性（参见 3.2 节）。例如，检查所有元件的日期代码。有的旧元件会被重标记上当前的日期代码，使其看起来是刚制造出来的产品。

（6）显著视觉异常。显著视觉异常也属于检查的范围。例如，需查看元件引脚或封装损坏、封装上打磨或抛光印记、同批次元件引脚及封装的颜色变化等。

常规外部视觉检查具有速度快、成本低等优点，是所有待测元件鉴别中都会使用的一种物理测试方法。完成物理测试之后，一般会从该批次中随机抽取部分元件作为样品进行进一步测试，以验证该批次元件的真伪。

2. 详细外部视觉检查

详细外部视觉检查需要使用 10~40 倍的放大显微镜对抽测元件样品进行查看。为了对元件上更细微的缺陷进行定位，需要更高的放大倍率（高达 100 倍）。图 4.2 给出了详细外部视觉检查所需的配置，包括一个多功能成像与测量数字显微镜 Keyence VHX-2000，其放大倍数为 0.1~5000 倍，可捕捉全聚焦图像，支持从任意角度观察物体，甚至可对物体表面进行三维成像。

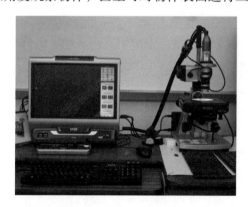

图 4.2　详细外部视觉检查配置（康涅狄格大学 CHASE 中心）

在成像检查过程中，需要特别关注对元件的操作。所有抽测样品元件应当按照静电放电敏感元件处理标准 ANSI/ESD S20.20，以及潮湿敏感元件处理标准 IPC/JEDEC J-STD-20 和 J-STD-033 中的相关要求执行操作。详细外部视觉检查主要验证以下要素。

（1）引脚、焊球和焊柱。检查通孔元件的引脚，以及表面安装元件的焊球和焊柱。详细检查包括：引脚上的划痕；弯曲、断裂和缺失的引脚；引脚上的残余材料；引脚的焊补；引脚的直线度、线宽与间距；引脚上工具操作的痕迹；未对齐和缺失的焊球及焊柱；扭曲及不均匀的焊球和焊柱。

（2）封装。集成电路的封装可显示有关芯片真实性的重要信息。通过对元件的封装进行仔细检查，从而验证标记的真实性。例如，需要检查元件的失效日期、生产批号及国家代码。若元件封装上出现无关的打磨或抛光痕迹，其可能已被重标记。封装上的标记长期稳定,且干净清晰。伪电子元件上的标记可能歪扭、不规则或潦草。伪造者在使用不精确的激光器制作标记时,可能因在某一点处驻留时间过长,导致封装上出现烧伤印记。此外,还要检查封装表面的隐藏标记、颜色变化、异常纹理和无关标记,以及仔细寻找因处理不当造成的封装破损。

同一批次元件的引脚1标记和封装标记的位置均应相同。这些标记孔应当没有划痕和无关材料。封装标记的周围边沿应当轮廓鲜明且精细。如果边沿看起来呈圆弧形下降,那么元件封装有可能在重标记过程中被打磨过。封装尺寸也需依据规格表指标进行验证。

①元件重标记和表面翻新测试。该项测试的作用是确定元件封装表面涂层和标记的质量,从而确定元件是否进行了顶部涂黑和重标记。评价元件的封装情况,找出与标记和封装表面相关的缺陷和异常十分必要。丙酮通常用于确定元件是否被重标记。一些更烈性的溶剂(Dynasolv 711 或 750)也可用于此类测试。如果封装表面或标记的颜色发生了改变,就可认为元件是伪造的。详细测试过程可查询标准 MIL-STD-883 中的方法 2015。

②封装规格和尺寸分析。该环节中,元件的物理尺寸可通过手持或自动测试设备进行测量。图 4.3 所示为 Intel 15mm 塑封球栅阵列尺寸图。任何与规格表中不一致的异常测量偏差都应记录下来,并进一步验证。

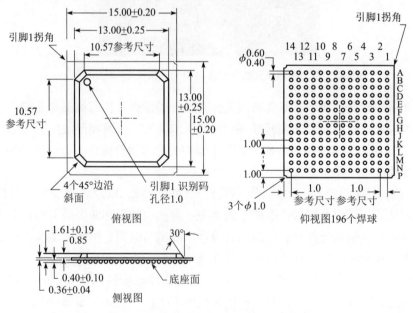

图 4.3　Intel 15mm 塑料球栅阵列尺寸图[11]

4.2.2 X射线成像

X射线成像是一种在不开封的情况下检查元件内部结构的方法。典型的X射线成像系统有两种类型：胶片X射线成像系统和实时X射线成像系统。在胶片X射线成像系统中，图像在射线胶片上形成，而实时或数字X射线成像系统中，数字图像由数字化传感器直接形成。图4.4展示了康涅狄格大学的ZEISS Xradia 510Versa实时X射线成像系统。该系统可用于获取不同集成电路的构造信息。ZEISS Xradia 510 Versa三维X射线显微镜[12]具有独特的距离分辨率，可对尺寸从毫米级到厘米级的元件样品实现优于微米级的分辨率。该系统用于获取二维投影及X射线计算机断层扫描，以观察集成电路内部的详细三维构造。

图4.4　ZEISS Xradia 510 Versa实时X射线成像系统（康涅狄格大学）

X射线计算机断层扫描是一种无损成像技术，其使得集成电路内部三维构造的可视化成为可能。可根据最终图像所需的质量要求，从不同角度以不同的放大倍率收集多个二维投影图像。然后，将这些二维图像叠加起来，利用直接傅里叶变换和中心切片理论[13]等数学方法重构三维图像。为了成功重构集成电路的三维图像，必须仔细优化如下参数：源/探测器与目标之间的距离、源功率、探测器物镜、滤波器、曝光时间、投影数、中心位移和光束强度。在第7章中将详细描述这些参数。感兴趣的读者可以在文献［14］中查找更多细节。图4.5给出了元件内部结构的三维图像。

X射线成像能够检测到集成电路内部的各种缺陷。这些缺陷大体上可分为两类：晶片缺陷和键合线缺陷。晶片缺陷包括晶片缺失、晶片错置、粗裂纹。键合线缺陷包括键合线缺失、键合线断裂、键合线重做、引脚覆盖膜/引脚框架（劣质/不一致）等。图4.6（a）与图4.6（b）给出了两种不同引脚结构的 Intel TB28F400B5-B80 闪存。图 4.6（b）中的晶片被旋转了一定的角度，很显然属于晶片错置缺陷。图 4.6（c）中元件的封装中没有接线。图 4.6（d）中元件的键合线出现了断裂。

图 4.5　元件内部结构的三维图像

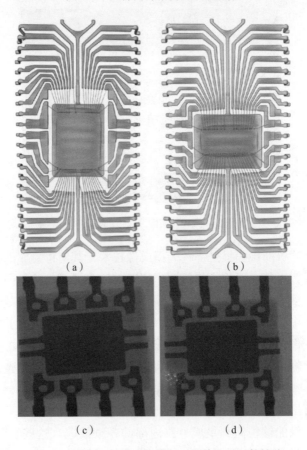

(a)　　　　　　　　　(b)

(c)　　　　　　　　　(d)

图 4.6　采用 X 射线成像检测到的伪电子元件缺陷

（a）Intel TB28F400B5-B80 闪存的引脚结构；（b）晶片错置；
（c）键合线缺失；（d）键合线断裂。（图片来源：Honey well 公司）

4.2.3 解除封装

为了全面地检查集成电路的内部构造,有必要在不损坏晶片的情况下去掉元件外部封装。晶片标记十分重要,其可用于验证产品对应的公司名称、商标、制造日期、模具编号、设备规格等。元件开封后,可直接观察到集成电路的主要功能模块。晶片尺寸可能存在变化,一般当公司采用较新的工艺技术后,晶片尺寸会变得更小。研究检查元件的内部参数对于验证集成电路的真实性尤为重要。需要注意的是,此类测试需破坏元件封装,通常只适用于一定规模的抽样检测(相应的抽样检测方案可查阅 AS6171[2])。元件的内部结构可在开封后详尽观察(参见标准 MIL-STD-883[15] 中方法 2013)。关于微电路元件的开封检查细节描述可查阅标准 MIL-STD-883[15] 中方法 5009,关于电子、电磁和电动机元件的开封检查细节可查阅标准 MIL-STD-1580[16]。

4.2.4 扫描声学显微镜(SAM)

采用 SAM 检查元件的内部结构是在对其不造成损坏情况下最为有效的测试方法。根据元件内部不同深度的声阻抗特性,SAM 利用超声波的传输与反射,可形成元件内部的声学图像。待测试的元件需要浸没在去离子的水或异丙醇中。由于空气与元件介质的声阻抗特性显著不同,空腔区域在声学图像中会呈现出更深的颜色。SAM 分辨率与使用的声波频率有关,较低频率的声波具有更强的穿透能力,但空间分辨率相对较差。扫描声学显微镜在检测元件封装内的分层或晶片连接方面非常有效,还能够检测晶片裂缝和空隙,以及键合线异常。

4.2.5 扫描电子显微镜(SEM)

SEM 使用聚焦电子束产生分辨率极高的图像。通过扫描样品表面的整个区域形成图像,蕴含了待测元件的材料组成和表面形貌信息。SEM 由电子柱和控制台两部分组成。电子柱用于扫描待测目标表面的聚焦电子束;控制台用于图像显示。当高能电子柱作用于样本元件时,会产生后向散射电子及 X 射线,电子检测器感应这些后向散射电子并形成图像。待测元件可放置在高真空和低真空环境中进行观察,取决于需要获取的检测信息类别。尽管元件放置在真空环境中,在显微镜检查过程中仍可以调斜及加热载物台,文献[17]中可找到相关的详细描述内容。

图 4.7 展示了位于康涅狄格大学清洁能源工程中心的 FEI Quanta 250 FEG 场发射扫描电子显微镜[18],其具备多功能、高分辨率、低真空适应性,可提

供预对准的电子柱，从而实现高分辨率成像以及电子柱稳定性。

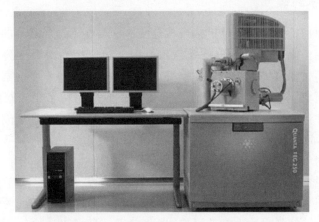

图 4.7　FEI Quanta 250 FEG 场发射扫描电子显微镜
（康涅狄格大学清洁能源工程中心）

扫描电子显微镜在检测伪电子元件的许多缺陷和异常方面十分有用。元件的详细检查可采取 3 种不同的方式。

（1）键合线检查：需要检查元件键合线的表面形态。例如，键合线重做、错用材料、划痕、氧化等缺陷可以很容易检测出来。

（2）封装检查：检查与封装有关的多种缺陷。例如，打磨和抛光印记、隐藏标记、灼烧印记、异常纹理、氧化、腐蚀、污染等缺陷都能被扫描电子显微镜检测到。图 4.8 给出了封装标记的差异。这些图像拍摄于低真空介质中，并且没有在封装标记上涂任何导电涂层。读者很容易区分这两个标记。需要注意的是，这些差异无法通过详细外部视觉检查发现。

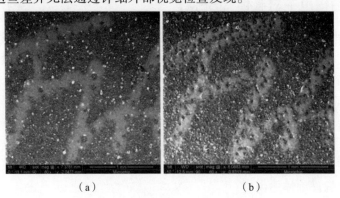

(a) 　　　　　　　　　　　(b)

图 4.8　标记缺陷的扫描电子显微镜图像
(a) 平滑且较薄的标记；(b) 存在孔穴的标记。

(3) 晶片检查：检查晶片需要将元件开封。例如，晶片上的标记、重做的键合线、晶片损坏、无关标记等都能由高分辨率扫描电子显微镜检测出来。

虽然扫描电子显微镜在检测元件缺陷方面很有用，但其实用性受测试时长的限制。有时，详细检查单个元件就需要耗费数小时。

4.2.6　X射线荧光（XRF）光谱

XRF是一种无损材料分析方法。在高能X射线轰击下，可观察到材料的发射特性。当X射线作用于材料表面时，材料原子外层电子获得足够能量（电离势）到达能级较高的不稳定外轨道。当这些高能电子转变回原来的基态时，就会产生辐射。每种元素在光谱上会产生独特峰值。元件封装材料在XRF光谱中会产生其独特的峰值指纹。要判断元件的真实性，可通过将其材料对应的XRF光谱峰值与可信样本进行比对。目前已有一些自动采样并反馈的XRF光谱仪可用于材料分析。

4.2.7　傅里叶变换红外谱（FTIR）

待测元件能够吸收一部分红外辐射，并透射一部分红外辐射。从测试获得的红外辐射中可以观察到材料分子吸收和透射的光谱。使用FTIR建立待测材料分子的独特指纹模型，可将其与可信指纹模型比对进行材料鉴别。FTIR可对元件上的有机材料和无机材料进行鉴定，主要用于验证：①封装上的聚合物、涂层等；②使用微暴方式除去原有标记过程中残留的外来材料；③化学蚀刻封装产生的残留物。

4.2.8　能量色散谱（EDS）

EDS采用X射线激发原理，对元件材料进行化学成分检查。使用高能带电粒子束轰击待测目标区域表面，从表面发出的X射线荧光光谱被X射线探测器捕获，形成EDS。每种元素或材料具有独特的原子结构，其在X射线发射谱上会呈现出一组独特的峰值。这是使用能量色散谱对物质材料进行元素分析的理论基础。FEI Quanta FEG 250（参见图4.7）是一台集成了扫描电子显微镜和能量色散谱仪器的多功能设备。

图4.9给出了IDT双端口静态随机存取存储器（IDT 7025S45PF）中一个键合线的能量色散频谱图。正品元件需要符合有害物质限制要求，不应当含有会对环境造成危害的铅元素。然而，待测元件检测中发现了铅元素，足以确信其为伪造元件。

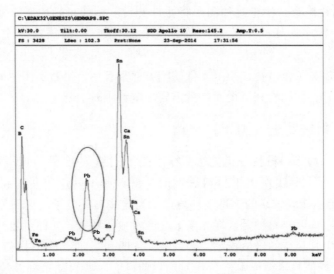

图 4.9 IDT 双端口静态随机存取存储器中一个键合线的能量色散频谱图

4.2.9 温度循环测试

温度循环测试是用来鉴别回收集成电路的主要方法之一，能够衡量集成电路对极端温度条件（极高和极低）的承受能力。该测试方法可对元件封装质量提供评估。考虑到温度循环对元件具有一定的破坏性，通常只选取小批量的样本参与测试。

表 4.1 给出了温度循环测试的条件。按照标准 MIL-STD-883 中方法 1010.7 要求，使用表 4.1 中的条件 C 进行至少 10 次重复测试，每次测试都按步骤 1 和步骤 2 顺序执行。图 4.10 给出了温度循环测试过程中的典型温度曲线[19]。待测元件被放置在固定的空间内，用热空气加热或冷空气冷却。在温度循环测试过程中，需要对下列参数进行适当控制。

表 4.1 温度循环测试的条件[15]

步骤	时间/min	温度/℃（数据为标称温度及其公差范围）					
		A	B	C	D	E	F
1. 冷却	≥10	-55_{-10}^{0}	-55_{-10}^{0}	-65_{-10}^{0}	-65_{-10}^{0}	-65_{-10}^{0}	-65_{-10}^{0}
2. 加热	≥10	85_{0}^{+10}	125_{0}^{+15}	150_{0}^{+15}	200_{0}^{+15}	300_{0}^{+15}	175_{0}^{+15}

第 4 章　基于物理测试的伪集成电路检测

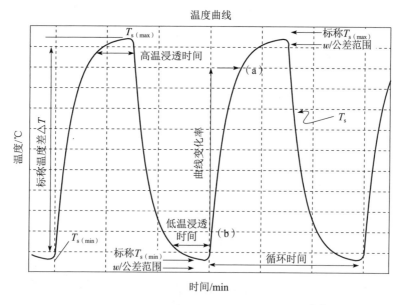

图 4.10　温度循环测试过程中的典型温度曲线[19]

（1）浸泡温度：指表 4.1 各测试条件中最高温度 $T_{s(max)}$ 与最低温度 $T_{s(min)}$ 之间的区间。

（2）标称温度差 ΔT：是标称最高温度 $T_{s(max)}$ 与标称最低温度 $T_{s(min)}$ 之间的差值。

（3）浸泡时间：指测试中温度在最高温度 $T_{s(max)}$ 和最低温度 $T_{s(min)}$ 附近有限范围内波动的持续时间。

（4）循环时间：是两个连续的高温极值或两个连续低温极值之间的时长。

（5）曲线变化率：指单位时间温度的上升值或下降值，可由图中（a）、（b）处的温度差/时间差计算得出在回收过程中，产生与封装（封装损坏）、键合线（连接拉引强度、接触不良等）或晶片（分层、粗裂纹、晶片损坏等）有关的缺陷或异常可采用温度循环测试来进行检测。相关详细描述可查阅标准 MIL-STD-883 中的方法 1010.7[15] 和标准 JESD22-A104D[19]。除温度循环之外，标准 MIL-STD-883 中的方法 1011.9 介绍的热冲击可用来增大测试覆盖范围，有助于检测出回收的集成电路。

4.2.10　密封测试

密封测试用于确定元件密封的质量。元件的密封可保护其免受污染物侵害。污染物的侵入会缩短元件有效工作寿命。密封元件的密封能确保其在设计的工作环境中正常运行,密封的损坏会导致元件出现故障。密封测试用于检测使用劣质密封材料、密封制造工艺不到位或回收过程中伪造者损坏元件密封等原因所造成的泄漏。

有关密封测试的详细描述可查阅以下资料:①标准 MIL-STD-883[15] 中的方法 1014 适用于测试微电路元件的密封;②标准 MIL-STD-750[20] 中的方法 1071 适用于测试分立元件的密封;③标准 MIL-STD-202[21] 中的方法 112 适用于测试无源元件。

4.3 局限与挑战

集成电路(IC)伪造是一个受多种因素影响的问题,也是一个不断发展的问题。随着伪造者在伪 IC 交易中经验越来越丰富,他们掌握的知识和技术也在不断丰富完善。目前能检测出伪 IC 的测试方法在未来不一定适用。因此,分析当前测试方法的局限与挑战十分必要。下面将对这些局限和挑战进行描述。

(1)伪造类型。物理测试主要适用于检测回收和重标记的伪集成电路,其中的测试方法对于检测其他伪造类型(超量生产、克隆、不合格/缺陷)远不能达到理想效果。

(2)动态发展。伪造元件的动态发展特点对伪电子元件检测提出了更大挑战。伪造者不断发展和使用更具欺骗性的伪电子元件制造方法。本章介绍的伪电子元件检测主要是针对其物理外观进行检查。在不久的将来,这些测试方法中的某些可能会失去作用。今后,元件的某些缺陷可能不再出现,取而代之的将是目前尚未纳入分类的新缺陷。因此,需要开发新的测试方法,以有效识别伪电子元件,并跟上伪造技术的快速改进。

(3)破坏性与抽样要求。大多数物理测试在本质上是具有破坏性的。样品置备非常重要,其直接关系到测试结果的置信度。如果少量的伪电子元件混杂在一大批产品中,在抽样测试中选到伪电子元件的概率会极小。如果能够开发出高效无损的测试方法,就可以进行全面检测,从而避免抽样检测带来的问题。

(4)测试时间与成本。测试时间与成本是使用物理测试检测伪电子元件的主要限制因素。用于物理测试的某些设备(例如,扫描电子显微镜和扫描声学显微镜)并不是为检测伪电子元件而专门设计的。为了达到较高的检测分辨率,测试单一元件可能需要花费数小时的时间(例如,扫描电子显微镜完成待测元件分析就需要数小时)。为了跟上伪造者的技术发展动态和新的伪造趋势（识别新的缺陷、新的伪造种类等），大量元件需要检测，测试耗时将成为严重的制约因素。现有文献几乎没有对物理测试的有效性进行评估。如果想要减少测试时间和成本，就需要制定一个强有力的框架来衡量哪些是最有效的测试、哪些缺陷可以通过哪些测试来检测、哪些是最重要的缺陷等。此外，还可以通过设计具有防伪检测功能的元件来减少测试的时间和成本。

（5）缺乏自动化及其量化指标。当前，本章介绍的所有测试都以特定方式执行，并且缺少与伪造类型、异常类型及缺陷类型挂钩的量化指标。大多数测试在执行过程中都没有实现自动化。测试结果大都需要领域专家来进行判断，决策过程完全取决于测试操作员，容易发生判断偏差。一块待测芯片在一个实验室中的检测结果可能是伪造的，而在另一个实验室可能认证其为正品。G-19A 小组在一次测试中就遇到这样的情况，不同测试实验室对待测元件给出了完全相反的鉴定结论[22]。因此，非常有必要开发自动化的测试方法，实现从大批量元件中快速高效地识别出伪造品缺陷。这样才能跟上伪造技术的发展趋势，有效遏制伪造行为。为了达到此目标，需要制定指标来量化以下内容：①目前仅能依靠领域专家来确认的伪电子元件缺陷；②上述提到的多种测试方法及所用设备。

克服上述诸多挑战的基础性工作将在后续章节中进行介绍。其中包括测试方法的评估与优化（第 6 章）、高级物理测试（第 7 章），以及防伪设计措施（第 9~12 章）。

4.4 总结

本章提出了伪电子元件检测方法的详细分类。这些测试方法可分为两种不同的类型：物理测试和电气测试。本章重点讨论了多种物理测试方法。常规外部视觉检查是一种适用于所有元件检测的物理测试方法。二维 X 射线成像测试可用来观察具有潜在晶片缺陷和键合线缺陷集成电路的内部构造，而三维 X 射线断层扫描成像可用来生成更为细致的集成电路内部构造图像。

本章主要从时间和成本约束的角度，对这些测试存在的挑战和局限进行了分析。外部视觉检查只需要采用低倍显微镜来发现元件缺陷，对于操作者而言是一种低成本、快速的测试方法。光谱学方法用于确定集成电路的材料组成，可检测到打磨时在元件上留下的残余物。详细的 X 射线成像测试，如扫描电子显微镜测试和扫描声学显微镜测试，成本更高，并且需要花费更多的时间和精力来进行样本置备及开展测试。事实上，除常规外部视觉检查之外，由于本章中介绍的其他物理测试方法耗时长、成本高且具有破坏性，只能以抽样的方式对集成电路元件进行测试。在缺乏自动化策略的情况下，这些测试执行起来显得更加烦琐。因此，在一般元件检测方案中，首先采用常规外部视觉检查方法对批次中的所有集成电路进行检查；然后可采用更先进的技术对批次中的元件进行抽样测试。例如，X射线成像技术和光谱学技术。为了克服物理测试的困难，将在第5章中介绍电气测试方法，可以更加有效地检查批次产品中的所有元件。

参考文献

[1] SAE. Counterfeit electronic parts: avoidance, detection, mitigation, and disposition (2009). http://standards.sae.org/as5553/.

[2] SAE. Test methods standard: counterfei telectronic parts. Work in Progress, http://standards.sae.org/wip/as6171/.

[3] CTI. Certification for coutnerfeit components avoidance program. September, 2011.

[4] IDEA, Acceptability of electronic components distributed in the open market, http://www.idofea.org/products/118-idea-std-1010b.

[5] U Guin, M Tehranipoor, D DiMase, et al. Counterfeit IC detection and challenges ahead. ACM/SIGDA E-NEWSLETTER43(3), (2013).

[6] U Guin, D DiMase, M Tehranipoor. A comprehensive framework for counterfeit defect coverage analysis and detection assessment. J. Electron. Test. 30(1), 25-40 (2014).

[7] U Guin, D DiMase, M Tehranipoor、Counterfeit integrated circuits: detection, avoidance, and the challenges ahead. J. Electron. Test. 30(1), 9-23 (2014).

[8] U Guin, K Huang, D DiMase, et al. Counterfeit integrated circuits: a rising threat in the global semiconductor supply chain. Proc. IEEE 102(8), 1207-1228 (2014).

[9] U Guin, M Tehranipoor. On selection of counterfeit IC detection methods, in IEEE North Atlantic Test Workshop (NATW), May 2013.

[10] VHX-2000 series Digital Microscope [Online]. Available: http://www.keyence.com/products/microscope/digital-microscope/vhx-2000/index.jsp.

[11] Intel, Ball Grid Array (BGA). Packaging, http://www.intel.com/content/dam/www/public/us/en/documents/packaging-databooks/packaging-chapter-14-databook.pdf.

[12] ZEISS Xradia 510 Versa. Submicron X-ray Imaging: Flexible Working Distance at the Highest Resolution. [Online], Available: http://www.xradia.com/versaxrm-510/References 93.

[13] X Pan. Unified reconstruction theory for diffraction tomography, with consideration of noise control. JOSA A 15(9), 2312-2326 (1998).

[14] N Asadizanjani, S Shahbazmohamadi, E H Jordan. Investigation of surface geometry change in thermal barrier coatings using computed X-ray tomography, in 38th Int'l Conf and Expo on Advanced Ceramics and Composites, ICACC 2014.

[15] Department of Defense. Test Method Standard: Microcircuits (2010), http://www.landandmaritime.dla.mil/Downloads/MilSpec/Docs/MIL-STD-883/std883.pdf.

[16] Department of Defense. Test Method Standard: Destructive Physical Analysis for Electronic, Electromagnetic, and Electromechanical Parts (2014), http://www.landandmaritime.dla.mil/Downloads/MilSpec/Docs/MIL-STD-1580/std1580.pdf.

[17] J Goldstein, D Newbury, D Joy, et al. Scanning Electron Microscopy and X-ray Microanalysis (Springer, New York, 2003).

[18] Quanta SEM [Online]. Available: http://www.fei.com/products/sem/quanta-products/ind=MS.

[19] JEDEC. JESD22-A104D: Temperature Cycling, March 2009, http://www.jedec.org/sites/default/files/docs/22a104d.pdf.

[20] Department of Defense. Test Method Standard: Test Methods for Semiconductor Devices (2012), http://www.landandmaritime.dla.mil/Downloads/MilSpec/Docs/MIL-STD-750/std750.pdf.

[21] Department of Defense. Test Method Standard: Electronic and Electrical Component Parts (2013), http://www.dscc.dla.mil/Downloads/MilSpec/Docs/MIL-STD-202/std202.pdf.

[22] CHASE. ARO/CHASE Special Workshop on Counterfeit Electronics, January 2013, http://www.chase.uconn.edu/arochase-special-workshop-on-counterfeit-electronics.php.

第 5 章
基于电气测试的伪集成电路检测

前两章讨论了伪电子元件的缺陷或异常,以及可用于检测其中部分缺陷的物理测试方法。此外,还着重研究了物理测试方法的耗时、成本和破坏性,分析了物理测试方法适用于检测特定缺陷和特定伪造类型的局限性。材料分析测试、扫描电子显微镜测试或扫描声学显微镜测试的样品置备成本高昂,并且待测元件在测试中会受到损坏,后续无法使用。除具有破坏性之外,大多数物理测试都非常耗时,而且不能够测试集成电路的功能。人们希望尽可能全面地覆盖元件的测试范围,即使做不到全面覆盖,也应采用快速、有效的测试方法对其进行严格验收,以确保其满足其原始制造商(OCM)设计的功能、质量、可信性和可靠性要求。

电气测试的概念随之被提了出来,它可用于伪电子元件的无损检测。与物理测试不同,电气测试可掌握元件的运行功能情况,能够检测出更多的伪电子元件的缺陷和伪造类型。事实上,物理测试方法无法检测出大多数属于电子类型的伪电子元件缺陷,而这些缺陷可采用电气测试方法有效检测出来。

本章将重点介绍电气测试方法。文献[1-5]给出了电气测试方法的分类,在此基础上,对其进行适当修改,以更好地与现行伪电子元件检测标准保持一致。本章首先介绍电气测试中需要使用的设备;然后介绍标准中常推荐使用的3种测试方法,即曲线跟踪、关键电气参数测试、老化测试;最后分析这些电气测试方法的局限和当前面临的挑战。

5.1 测试设备

电气测试所使用的设备需要向待测元件提供电信号,并收集元件的响应信号。设备可分为两种类型:①基准测试设备,用于对简单元件进行更专业和特定的测量；②自动检测设备（ATE）[6]，适用于测试更复杂的大型元件，如现场可编程门阵列（FPGA）、专用集成电路、微处理器、存储器等。

5.1.1 基准测试设备

基准测试设备通常用于测量元件的电气参数，如电压、电流、频率等。其通常为独立测试设备，能够对元件进行独立测量。典型基准测试设备包括电流表、欧姆表、电压表、波形发生器、示波器、曲线跟踪器、网络分析器、频谱分析仪等。图 5.1 给出了一个由康涅狄格大学 CHASE 中心开发的测试装置，可对伪集成电路（IC）（图中为微控制器）进行检测。

图 5.1　用于伪集成电路检测的基准测试设备（康涅狄格大学 CHASE 中心）

5.1.2 自动检测设备

自动检测设备是一种可采用不同测试模式检测集成电路的仪器。自动检测设备通过分析集成电路的响应信号来进行测试判断，如果待测电路的响应与存储的正品响应匹配，就可通过测试；否则不通过。自动检测设备由 UNIX 中央工作站或基于 Windows 的个人计算机控制。一些典型的自动检测设备供应商有 Teradyne 公司、安捷伦科技公司、Advantest 公司、Metric 公司、科利登系统公司和国家仪器公司。商用自动检测设备可根据测试集成电路类型大致分为几种类型。例如，通常需要使用不同的自动检测设备分别对片上系统、模拟集成电路、混合集成电路和存储器进行测试。

图 5.2 给出了用于测试与检测数字伪集成电路的典型自动检测设备。图 5.2（b）给出了用来容纳集成电路的装载板，其为待测集成电路和自动检测设备之间提供了接口。对于拥有不同引脚数和封装的集成电路，需要不同的装载板提供支持。

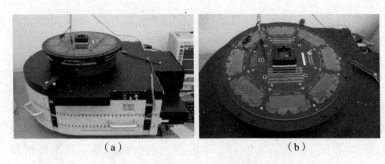

图 5.2　用于测试与检测数字伪集成电路的典型自动检测设备
(a) Verigy Ocelot ZFP；(b) 装载板。

5.2　曲线跟踪

曲线跟踪在伪电子元件检测方面越来越受到欢迎，因为其可以无损地测试集成电路，并且不需要事先知道待测集成电路的详细信息。认证过程中无须使用正品集成电路。典型曲线跟踪器可为集成电路任意引脚组合产生标准电压或电流曲线。通过施加指定范围内的扫描电压 V，可绘制出电流 I 随之变化的情况，由此形成跟踪曲线。曲线遵循欧姆定律 $V=I \cdot Z$，其中 Z 为集成电路引脚之间的阻抗。

图 5.3 展示了 NI 公司制造的一个典型曲线跟踪器，该系统能够对不同集成电路引脚输入 −20~+20V 的扫描电压。典型曲线跟踪器通常有以下两种不同运用模式。

图 5.3　NI 公司制造的一个典型曲线跟踪器

(1) 基本曲线跟踪：在不加电的情况下，测试 IC 某一引脚与其他引脚之间的电气参数曲线。在该模式下，与封装（MP10、MP12、NP1、NP2 等）、键合线（MB1、MB2、MB3 等）和晶片（MD1、MD2、MD4 等）相关的显著缺陷可检测出来。然而，电子缺陷、参数缺陷和制造缺陷却不能有效检出。该模式可快速分离出易于检测的伪集成电路。相较于物理测试，简化了 IC 测试过程，减少了测试时间和成本。

（2）功率曲线跟踪：采用该模式获取 IC 曲线跟踪图时，需要进行加电测试。通过测试 IC 每个引脚与其他引脚之间的电气参数关系，可形成相应曲线跟踪图来刻画电路指纹特征。采用该方法，即可检出元件的某些参数缺陷和制造缺陷，也可有效检测基本曲线跟踪能应对的缺陷。

图 5.4 给出了一个典型的曲线跟踪图。通过对基于 EEPROM 的高性能可编程逻辑设备（EPM7096QC100-15）引脚施加电压而获得该图。图 5.4（a）、（b）分别表示正常引脚和故障引脚的曲线跟踪结果。表 5.1 给出了可编程逻辑设备 EPM7096QC100-15 部分引脚的电压和电流变化关系。对于故障引脚，小的输入电压会导致较大的电流（例如，在引脚 13 处，-0.094V 的输入电压产生了 -0.605mA 的电流；0.086V 的输入电压产生了 0.592mA 的电流），这可能是由于故障引脚与地线之间的电阻短接所导致的。

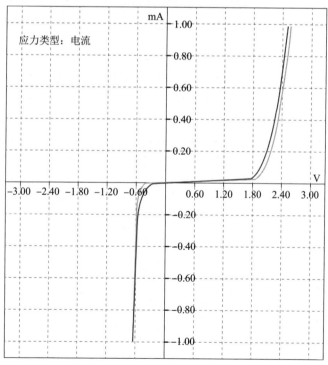

（a）

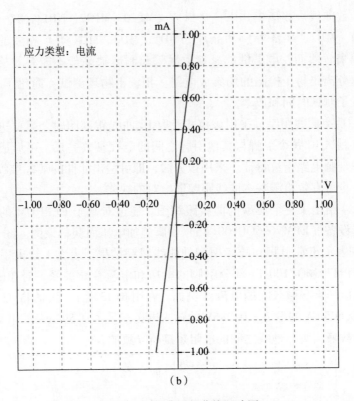

(b)

图 5.4 一个典型的曲线跟踪图

(a) 正常引脚对应的曲线跟踪图；(b) 故障引脚对应的曲线跟踪图。

(图片来源：Integra Technologies 公司)

表 5.1 曲线跟踪测试结果的一个样本

引脚编号	V 点位 1/V	I 点位 1/mA	V 点位 2/V	I 点位 2/mA	结果
13	−0.094	−0.605	0.086	0.592	点位故障
28	−0.094	−0.605	0.086	0.592	点位故障
40	−0.090	−0.605	0.081	0.592	点位故障
45	−0.094	−0.605	0.086	0.592	点位故障
61	−0.094	−0.605	0.086	0.592	点位故障
76	−0.094	−0.605	0.086	0.592	点位故障
88	−0.091	−0.605	0.083	0.592	点位故障
97	−0.094	−0.602	0.086	0.592	点位故障

（续表）

引脚编号	V 点位 1/V	I 点位 1/mA	V 点位 2/V	I 点位 2/mA	结果
90	−0.615	−0.605	2.350	0.592	通过测试
91	−0.625	−0.605	2.410	0.592	通过测试
…	…	…	…	…	…

通过与已知正品 IC（如金片）的电气参数曲线进行比较，曲线跟踪测试可检测出 IC 的多种缺陷。回收过程中产生的缺陷，如封装缺陷、键合线缺陷、晶片相关缺陷，以及部分制造缺陷都可用曲线跟踪测试进行鉴别。此外，可以用不同引脚组合起来获得曲线跟踪结果以生成 IC 特征指纹，并将其与正品 IC 特征指纹进行比对，从而判断待测 IC 的真伪。

5.3 关键电气参数测试

关键电气参数测试，以及评估参数的功能测试是验证元件功能最有效的方法。这些测试一般在室温 25℃或更高温度下进行，通常在元件组装前进行测试，以确保封装后的 IC 不存在缺陷和异常。关键电气参数测试对于检测重标记为更高等级的伪电子元件尤为适用。

如果伪电子元件中存在任何缺陷或异常，可能会导致功能失效。通过检查元件的运行功能，可以找出与其引脚/焊球/焊柱、键合线，以及晶片相关的显著缺陷。然而，采用复杂测试设备对元件关键电气参数进行检查需要花费高昂的成本。进行元件功能测试，需要执行一系列用于测试给定设计要素的算法。实施这些算法需要购置昂贵的测试装置，并开发复杂的测试程序。

如果芯片之前使用过（如回收伪造类型），其直流和交流参数可能会偏离规格表中标明的数值（参见第 3 章中的缺陷 EP1~EP7）。观察了这些参数测试结果之后，就能够判断待测元件是否属于伪电子元件。在直流参数测试中，自动检测设备的参数测量单元保持输入/输出电压和电流达到稳定状态，然后根据欧姆定律测量元件的电气参数。测量过程中需要仔细设定操作状态。直流参数测试可分为以下类型：短接测试、功率消耗测试、输出短路电流测试、输出驱动电流测试、阈值测试等。每种测试的详细描述可参阅文献［7］。在交流参数测试中，通过采用一组不同频率的交流电压来实现参数测量。交流参数测试可分为以下类型：上升与下降时间测试，建立、保持与释放时间测试，传输延迟测试等。在检测存储器时，可采用不同的参数测试方法[8]。

对于存储器而言，适用的直流参数测试包括电压冲击测试、泄漏电流测试等；适用的交流参数测试包括建立时间敏感度测试、访问时间测试、运行时间测试等。

在关键电气参数测试的最后阶段，通过功能测试（表5.2）来验证元件功能的正确性。任何影响元件功能的缺陷均可检测出来（既包括一些容易被发现的缺陷，如键合线缺失或断裂、晶片缺失或错置等，也包括一些难以发现的缺陷，如过程缺陷、材料缺陷和封装缺陷等）。对于存储器测试，其功能通过读/写操作来加以验证。MARCH测试[7-8,12]可在伪存储器元件检测中使用。存储器结构规则，功能简单，通常可在制造过程中对其进行详尽的功能测试[7]，如表5.2所示。

表5.2 常见设备的主要参数

设备	主要参数	标准
静态随机存取存储器（SRAM）	1. 输出高/低电压（V_{OH}/V_{OL}） 2. 输入/输出泄漏电流（I_{LK}/I_{OLK}） 3. V_{CC}运行供电电流（I_{CC}） 4. 输入/输出电容（C_{IN}/C_{OUT}） 5. 数据保持电流（I_{CCDR}） 6. 读/写时序 7. 芯片解除选定后数据保持时间（t_{DCR}） 8. 操作恢复时间（T_R） 9. 功能测试算法：保障SRAM单元按正常功能运行（选择一个或多个单元） （1）检查板、主题检查板 （2）内建自测试（MARCH） （3）XY内建自测试 （4）CEDES-CE解除选定检查板、主题检查板 （5）等效算法（取决测试实验室能力）	DLA SMD 5962-08219[9]
现场可编程门阵列（FPGA）	1. 高电平输出电压（V_{OH1}，V_{OH2}和V_{OH3}） 2. 低电平输出电压（V_{OL1}，V_{OL2}和V_{OL3}） 3. 高/低电平输入电压（V_{IH}/V_{IL}） 4. 高/低电平输入电流（$I_{IH,IHPD}/I_{ILPU}$） 5. 高电平三态输出泄漏电流（$I_{OZH,OZHPD}$） 6. 高电平输出电流（$I_{OZI,OZLPU}$） 7. 独立供电电流（I_{CCSB}） 8. 输入电容（C_{IN}） 9. 时序 10. 功能测试：采用串行扫描测试验证功能	DLA SMD 5962-03250[10]

（续表）

设备	主要参数	标准
微处理器	1. 输入低电压（V_{ILS}、V_{ILC}） 2. 输入高电压（V_{IHS}、V_{IHC}、V_{IHR}） 3. 输出低电压（V_{OL}、V_{OLS}、V_{OLD}） 4. 输出高电压（V_{OH}、V_{OHS}） 5. 输入低电流（I_{IL}、I_{ILT}） 6. 输入高电流（I_{IH}） 7. 三态输出高电流（I_{OZH}） 8. 三态输出低电流（I_{OZL}、I_{OZLD}） 9. 静态/动态 V_{DD} 源电流（I_{DD}、I_{DDOP}） 10. 输入电容（C_{IC}、C_I） 11. 输出电容（C_O） 12. 数据总线电容（C_{IO}） 13. 时序 14. 功能测试	DLA SMD 5962-89519[11]

测试方法的选择取决于设备类型，因为不同类型设备具有不同的参数。例如，静态随机存取存储器（SRAM）的参数不同于二极管、晶体管等分立元件。这些测试的详细描述可查阅标准 DLA SMD 5962。表 5.2 给出了一些常见设备的主要参数。测量获得这些参数后，需要将其与 OCM 提供的产品规范进行对比验证。如果设备未达到给定参数范围，就应该将其舍弃。

5.4 老化测试

设备的可靠性主要通过老化测试进行保证[13]。在老化测试中，设备在高负荷条件下运行，以突出检验其早期失效率和其他不可预见的故障。此类故障通常由潜在缺陷所致。在生产测试中，潜在缺陷不一定会暴露出来，也可能被忽略。由于使用期间承受电压和热量负荷，潜在缺陷最终会暴露出来，导致设备无法完成正常功能。在老化测试中，设备在高强度的电和热环境（高电压、高温）下运行。这样可加速设备的损耗，使得设备在数小时内产生原本数月到数年的损耗，从而实现潜在缺陷的检测。通过执行该测试，可以确保设备长时间在恶劣环境条件下的可靠运行。

关于 IC 老化测试方法可查阅标准 MIL-STD-883[14]中的方法 1015，关于其他分立元件可查阅标准 MIL-STD-750[15]中的方法 1038-1042。IC 加速老化所需的时间和热条件如表 5.3 所示[14]。表 5.3 中，T_A 代表环境温度，在条件

A~E中，环境温度应保持在125℃（参见标准MIL-STD-883中3.1节的测试条件）。测试温度可根据表5.3进行增大或减小。表5.3列举了对B级、S级和混合S级（K级）元件所要求的不同测试时间。测试时间和环境温度并不是绝对固定的，经过认证且有资质的测试实验室可按照标准MIL-PRF-38535酌情修改表中描述的条件。

表5.3 IC加速老化所需的时间和热条件[14]

最低环境温度 T_A/℃	最小时间/h			测试条件③	最小再老化时间/h
	S级①	B级②	S级混合电路（K级）		
100	-	352	700	只适用于混合电路	24
105	-	300	600	同上	24
110	-	260	520	同上	24
115	-	220	440	同上	24
120	-	190	380	同上	24
125	240	160	320	A~E	24
130	208	138	-	同上	21
135	180	120	-	同上	18
140	160	105	-	同上	16
145	140	92	-	同上	14
150	120	80	-	同上	12
175	-	48	-	F	12
200	-	28	-	同上	12
225	-	16	-	同上	12
250	-	12	-	同上	12

注：①高可靠军用级应用领域（B级）；
②航天级应用领域（S级）；
③3.1节标准MIL-STD-883[14]定义的测试条件。

在伪电子元件检测的测试计划中，老化测试十分重要。其能够容易地清除军用或航天等级元件中混杂的商用等级元件，也能够除去有缺陷或不能承受设计工作负荷的元件。

5.5 局限与挑战

相比物理测试，电气测试是一种更有效的伪电子元件检测方法，但其仍然面临着许多挑战。其中一些挑战与物理测试相同，还有一些挑战为电气测试所独有。下面对电气测试的局限和挑战进行总结。

（1）工艺误差。工艺误差是指元件参数（如长度、宽度、晶体管氧化层厚度）在生产过程中所产生的随机变化。这些参数变化导致元件性能与标称（设计）值产生差异。随着半导体规模的迅速发展，现代集成电路的电气参数发生了显著的变化。因此，难以判断元件电气参数变化是由于伪造（回收、重标记、克隆等类型）所致，还是由于不可避免的工艺误差所致。不管有无正品集成电路作为对照，都可以收集元件的电气参数测试数据，并进行统计分析，从而以一定的置信度来识别伪电子元件。这种分析方法的有效性需要基于对大批量正品和伪造集成电路进行测试数据的积累。

（2）测试时间与成本。正如前文所述，老化测试对于检测元件的早期失效十分有用。然而，测试需要超长的时间（数十个小时），复杂芯片功能测试需要高速测试器的支持。由此可见，电气测试的成本也会很高。因此，复杂元件的电气测试主要在关键系统和高风险应用中采用。自动检测设备需要高度专业化的测试算法及相应程序设计作为运行支撑，而多样化的元件类型（数字集成电路、模拟集成电路、混合集成电路、分立元件等）也给其适用性带来了挑战，难以设计出一体化测试装置和程序来检测各种类型的元件。

（3）缺少元件规格参数：多数情况下，无法获得过时电子元件的完备的测试标准集，因为其 OCM 可能已不复存在，或其相应规格参数无法从 OCM 存档记录中找到。在缺乏元件规格参数的情况下，为待测过时或在产元件开发测试程序非常困难。

（4）伪造类型：电气测试并不能覆盖所有的伪元件类型。例如，超量生产、克隆和被篡改 IC 的电气参数和工作性能与元件规格表一致，无法通过电气测试进行鉴别。

克服上述大多数挑战的基础性工作将在本书后续章节中将进行介绍，其中包括测试评估与优化（第 6 章）、高级电气测试（第 8 章），以及防伪设计（第 9~12 章）。

5.6 总结

本章讨论了目前各标准中推荐的主流电气测试方法。电气测试的主要优点是其具有无损的特点。然而，电气测试还存在许多局限。首先，电气测试方法对元件类型的适应性较差，对不同类型的元件需要使用不同的测试装置，这使得电气测试的成本非常昂贵。由于所需测试设备的多样性，机构无法避免支付一次性费用。因此,一般将电气测试作为元件检测过程的最后一个步骤来执行(在待测元件样本容量小的情况下)。其次,电气测试结果需要与 OCM 的规格表进行比对,而规格表并非总能获得。最后,电气测试难以对因工艺误差导致的元件电气参数变化与各种类型伪电子元件(回收、重标记、不合格/有缺陷、超量生产、克隆、篡改)的电气参数变化进行区分。

本章及第 4 章都指出了元件测试方法面临的挑战和存在的局限,表明需要采用定量的方法来刻画测试时间、成本、缺陷及伪造类型覆盖范围。采用相应量化指标来选择"最佳"物理测试方法与电气测试方法的组合,以达到较低的测试时间和成本,并且能够有效涵盖所有伪电子元件的缺陷和类型。按照该思路,第 6 章将讨论用于伪电子元件检测的首个评估框架。

参考文献

[1] U Guin, M Tehranipoor, D DiMase, et al. Counterfeit IC detection and challenges ahead. ACM/SIGDA E,43(3), 38-43 (2013).

[2] U Guin, D DiMase, M Tehranipoor. A comprehensive framework for counterfeit defect coverage analysis and detection assessment. J. Electron. Test. 30(1), 25-40 (2014).

[3] U Guin, D DiMase, M Tehranipoor. Counterfeit integrated circuits: detection, avoidance, and the challenges ahead. J. Electron. Test. 30(1), 9-23 (2014).

[4] U Guin, K Huang, D DiMase, et al. Counterfeit integrated circuits: a rising threat in the global semiconductor supply chain. Proc. IEEE 102(8), 1207-1228 (2014).

[5] U Guin, M Tehranipoor. On selection of counterfeit IC detection methods, in IEEE North Atlantic Test Workshop (NATW), (2013).

[6] A Grochowski, D Bhattacharya, T Viswanathan, et al. Integrated circuit testing for quality assurance in manufacturing: history, current status, and future trends. IEEE Trans. Circuits Syst. II 44(8), 610-633 (1997).

[7] M Bushnell, V Agrawal Essentials of Electronic Testing for Digital, Memory, and Mixed Signal VLSI Circuits (Springer, New York, 2000).

[8] P Mazumder, K Chakraborty. Testing and Testable Design of High-Density Random-Access Memories (Springer, New York, 1996).

[9] DLA. MICROCIRCUIT, MEMORY, DIGITAL, CMOS, 2M x 8-BIT (16M), Static. Random Access Memory (SRAM), (3.3V) MONOLITHIC SILICON, http://www.landandmaritime.dla.mil/downloads/milspec/smd/08219.pdf (2009). DRAWING APPROVAL DATE: 27 Feb 2009.

[10] DLA. SMD 5962-03250: MICROCIRCUIT, MEMORY, DIGITAL, CMOS, FIELD PROGRAMMABLE GATE ARRAY, 40000 GATES WITH 18 K OF INDEPENDENT SRAM, MONOLITHIC SILICON, http://www.landandmaritime.dla.mil/Downloads/MilSpec/Smd/03250.pdf (2004). DRAWING APPROVAL DATE: 04 May 2004.

[11] DLA. SMD 5962-89519: MICROCIRCUIT, DIGITAL, CMOS, 16-BIT MICROPROCESSOR, MIL-STD-1750 INSTRUCTION SET ARCHITECTURE, MONOLITHICSILICON, http://www.landandmaritime.dla.mil/downloads/milspec/smd/89519.pdf (1989). DRAWING APPROVAL DATE: 15 Feb 1989.

[12] D Suk, S Reddy. A march test for functional faults in semiconductor random access memories. IEEE Trans. Comput. C-30(12), 982−985 (1981) References 107.

[13] F Jensen, N E Petersen. Burn-in: An Engineering Approach to the Design and Analysis of Burn-In Procedures (Wiley, Chichester, 1982).

[14] Department of Defense. Test Method Standard: Microcircuits, (2010), http://www.landandmaritime.dla.mil/Downloads/MilSpec/Docs/MIL-STD-883/std883.pdf.

[15] Department of Defense. Test Method Standard: Test Methods for Semiconductor Devices, (2012), http://www.landandmaritime.dla.mil/Downloads/MilSpec/Docs/MIL-STD-750/std750pdf.

第 6 章
现有伪元件检测方法的覆盖率评估

鉴于现有测试机制的缺陷，伪集成电路（IC）检测仍存在巨大挑战。目前伪 IC 检测研究仍处于起步阶段，有效检测方法的实施仍有一系列技术瓶颈有待突破。随着伪造行为的发展，伪造者的经验也在日益丰富。为此，必须尽一切努力保持伪 IC 检测技术处于领先地位，以防止伪 IC 渗透到关键基础设施中。通过提高伪 IC 检测的有效性，可以增强公众对电子系统安全的信心。为了达到这一目标，必须持续跟踪伪造活动，以评估伪元件检测方法的有效性。同时，需要开发通用平台来评估伪元件测试方法的有效性。

本章将讨论伪元件测试方法的评估指标。

(1) 伪元件缺陷覆盖率（CDC）：指使用一套测试方法能够检测到的缺陷数占缺陷总数的比例。

(2) 伪元件类型覆盖率（CTC）：指使用一套测试方法能够检测的伪造类型的覆盖率。

(3) 低覆盖缺陷（UCD）：指一组给定测试能够部分检出的缺陷。

(4) 未覆盖缺陷（NCD）：指一组给定测试无法检出的缺陷。

本章给出了一个综合评估框架，包括：①根据新定义指标来评估一组测试方法的有效性，即"静态评估"；②在考虑测试成本和时间的前提下，选择一组测试方法使得其测试覆盖率最大化；③找出能获得最大测试覆盖率的一组最佳测试方法。其中，②和③组合起来称为"动态评估"。这些指标和测试评估方法在文献 [5-6] 中首次提出。

6.1 测试实验室在能力和专长方面的差异

评估不同测试实验室的能力非常重要。Honeywell 公司在 2012 年和 2013 年开展了一系列评估测试实验室能力的调查实验[7-8]。2012 年，Honeywell 公司向 12 个测试实验室（表 6.1 中的 A~M）分别提供了 5 个伪元件样品（National Semiconductor DAC1230LCJ）和 1 个正品元件（Tundra CA91L860B-50CE），邀请各实验室按照各自的标准流程进行测试，不做任何特殊处理。表 6.1 中第 2 列和第 3 列给出了各实验室对元件识别的结果，×和√分别代表错误和正确的识别结果。NA 表示相应的实验室没有参加评估。测试实验室 A 和 K 未能正确识别出正品元件，而测试实验室 E 没有检测出伪元件。2013 年，Honeywell 公司只向其中的 6 个测试实验室分别提供了 5 个闪存伪元件样品（Intel TB28F400B5T80）和 5 个电容伪元件样品（TDK C5750Y5V1H226Z），所有的测试实验室都正确地识别出了这些伪元件。但是，几个重要的伪元件判定指标在测试中并未考虑到。

表 6.1 测试实验室测试结果对比

测试实验室	National Semiconductor DAC1230LCJ（伪元件，2012 年）	Tundra CA91L860B-50CE（正品，2012 年）	Intel TB28F400B5T80（伪元件，2013 年）	TDK C5750Y5V1H226Z（伪元件，2013 年）
A	√	×	√	√
B	√	√	NA	NA
C	√	√	√	√
D	√	√	√	√
E	×	√	NA	NA
F	√	√	NA	NA
G	未给出结论	未给出结论	NA	NA
H	√	√	NA	NA
I	√	√	NA	NA
J	√	√	√	√
K	√	×	NA	NA
L	NA	NA	√	√
M	√	√	√	√

通过上述测试实验室之间的对比实验，可得到以下结论[7]：①随着测试实验室在实践中获得更多的经验和接触到各种不同的伪元件，其识别伪元件的能力随之提高；②测试实验室虽然能够准确地检测出一些易于发现的伪元件缺陷，包括顶部涂黑、尺寸与颜色异常，以及焊接问题，但难以检测出与引脚精加工、凹孔深度、材料及电气参数相关的缺陷。一些测试实验室对伪元件的识别正确率仅为32%。因此，有必要采用量化措施来评估测试实验室的能力，并最终形成量化指标。

6.2 相关术语

评估测试方法的目的是确定目前伪元件检测方法的有效性。为了便于读者理解评估过程，首先需要描述几个关键要素（测试层级、目标置信度、测试方法、伪元件缺陷、置信度矩阵、缺陷频率、决策指标和缺陷映射矩阵）。所有这些要素都将作为后续章节所提出评估框架的输入。

1. 测试层级

标准 AS6171[9] 中将测试层级（TL）作为元件使用风险的评估方法，以及推荐所需测试等级的依据。评估风险时主要考虑3个方面的因素：①元件用在何种最终产品中；②元件在产品中的功能；③元件供应商的品质。TL 可通过综合计算产品风险（RP）、元件风险（RC）和供应商风险（RS）得到。与元件应用相关的风险由 RP 和 RC 共同决定，从供应商那里获得伪元件的概率与 RS 有关。表 6.2 中第 3 列给出了不同测试层级对应的风险评分，具体的风险评分计算可查阅标准 AS6171[9] 中的评估部分，其中不同的测试层级需要采用不同的测试方法进行操作。对于用户/需求方而言，在制订伪元件筛查测试计划之前，明确对应的测试层级十分重要。

表 6.2　不同测试层级对应的风险评分[9]

测试层级	风险类型	评分范围	目标置信度
4	极高	>170	0.95
3	高	151~170	0.8
2	适中	111~150	0.65
1	低	71~110	0.5
0	极低	0~70	0.35

2. 目标置信度

目标置信度（TC）是指针对每项缺陷执行一组测试之后获得结果的置信水平。不同测试层级中目标置信度的取值要求如表 6.2 的第 4 列所示。在具体应用中，随着测试层级风险的提高，测试结果的目标置信度也相应提高。通过提高对各种缺陷检测的测试置信度，可以满足更高测试层级的要求，也能从总体上提升综合测试的置信度水平。以目标置信度为基础，6.3.4 节研究 UCD，以及 6.4.2 节研究动态测试评估。

3. 测试方法

需要评估的测试方法已在第 4 章和第 5 章中做了介绍（图 4.1）。每种测试方法都与"成本"和"时间"挂钩，以测试一批元件所耗费的成本和时间来衡量。对于方法 i，分别用记号 C_i 和 T_i 来表示其对应的测试成本和时间。

4. 伪元件缺陷

伪元件缺陷是指在电子元件中发现的缺陷和异常。通过验证测试方法对一种或多种缺陷检测的能力，来完成测试方法的性能评估。测试结果的目标置信度随着被检测出缺陷数的增多而提高。在文中，采用 D_j 表示缺陷分类中的第 j 个缺陷。

5. 置信度矩阵

置信度矩阵（CL）可用来表示测试方法对伪元件缺陷的检测能力。一种测试方法可以检测某些伪元件缺陷。然而，在实际应用中，该测试方法不能确保对存在这些缺陷的所有伪元件完全有效检测。通常，需要在检测过程中引入置信度（检测概率）的概念。置信度矩阵中的元素代表了给定测试方法检测给定缺陷类型的置信度。

CL = $[x_{ij}]$，其中 x_{ij} 为用测试方法 i 检测缺陷 j 的概率。置信度矩阵中的行和列分别表示测试方法和缺陷类型。

如果两种以上的测试方法都能检测出同一种类型的缺陷，就可提升最终的置信度（x_{Rj}），即

$$x_{Rj} = 1 - \prod_{i=1}^{m_s}(1 - x_{ij}), \text{对于缺陷类型} j \quad (6.1)$$

式中：m_s 为推荐测试集中的测试个数。

6. 缺陷频率

缺陷频率（DF）是指缺陷在伪元件中出现的频繁程度。这是评估测试覆盖率的一个重要参数，高频率缺陷的检测比低频率缺陷的检测对结果影响更大。

7. 决策指标

决策指标（DI）是指伪元件类型中包含一个或多个已知伪元件缺陷的概率。该指标也可以理解为对待测元件所有潜在的缺陷进行确认后，判定其为伪元件的概率。事实上，并非每种类型的伪元件都包含一个或多个缺陷。例如，对于超量生产和克隆的伪元件类型，由于其存在的缺陷很少，在测试中经常可能出现决策指标取值为 0 的情况。表 6.3 给出了不同伪元件类型对应的决策指标取值。

表 6.3 不同伪元件类型对应的决策指标取值

伪元件类型	决策指标
回收	0.98
重标记	0.90
超量生产	0.03
不合格/有缺陷	0.98
克隆	0.10
伪造文件	0.70
篡改	0.98

8. 缺陷映射矩阵

缺陷映射（DM）矩阵表示不同伪元件类型所存在的缺陷。一种缺陷不会在所有伪元件类型中同时出现。例如，无效生产批号/日期/国家代码可能不会出现在超量生产或克隆的伪元件类型中。在缺陷映射矩阵中，取值为 1 的元素表示给定伪造类型与给定缺陷具有关联关系；否则不具有关联关系。

表 6.4 汇总了测试评估框架中会用到的所有相关术语。

表 6.4 测试评估框架中会用到的所有相关术语

术语	标记
测试方法	$M=[M_1 \quad M_2 \quad \cdots \quad M_m]$，其中 m 为测试方法的数
测试成本	$C=[C_1 \quad C_2 \quad \cdots \quad C_m]$
测试时间	$T=[T_1 \quad T_2 \quad \cdots \quad T_m]$
伪元件缺陷	$D=[D_1 \quad D_2 \quad \cdots \quad D_n]$，其中 n 为缺陷类型的总数
测试层级	$TL=[L_1 \quad L_2 \quad \cdots \quad L_5]$，$L_1$：极高，$L_2$：高，$L_3$：适中，$L_4$：低，$L_5$：极低

(续表)

术语	标记
目标置信度	$TC = [TC_1 \quad TC_2 \quad \cdots \quad TC_5]$, TC_1：极高, TC_2：高, TC_3：适中, TC_4：低, TC_5：极低
置信度矩阵	$CL = [x_{ij}] = \begin{bmatrix} x_{11} & x_{12} & \cdots & x_{1n} \\ x_{21} & x_{22} & \cdots & x_{2n} \\ \vdots & \vdots & & \vdots \\ x_{m1} & x_{m2} & \cdots & x_{mn} \end{bmatrix}$ 其中，$x_{ij} = P_r$(用方法 i 检测缺陷 j)，置位度矩阵的行和列分别表示测试方法和缺陷类型
缺陷频率	$DF = [DF_1 \quad DF_2 \quad \cdots \quad DF_n]$
决策指标	$DI = [DI_1 \quad DI_2 \quad \cdots \quad DI_7]$
缺陷映射矩阵	$DM = [w_{ij}] = \begin{bmatrix} w_{11} & w_{12} & \cdots & w_{17} \\ w_{21} & w_{22} & \cdots & w_{27} \\ \vdots & \vdots & & \vdots \\ w_{m1} & w_{m2} & \cdots & w_{m7} \end{bmatrix}$ 其中，$W_{ij} \in \{0, 1\} = \{未出现, 出现\}$，缺陷映射矩阵的行和列分别表示缺陷类型和伪造类型

此外，考虑到伪造行为的不断发展，需要用动态发展的眼光来看待这些资料。例如，将来可能出现更多不同种类的伪造类型，缺陷频率会随着时间发生变化等。同时，测试方法数量也会不断增多，其检测能力也会不断提高。在第7章将提出一些可用于实现自动收集这些数据的方法。不久之后，一些相关资料也可以通过国际电子经销商协会（ERAI）[10]和政府-行业数据交换计划（GIDEP）[11]进行采集。这两个报告机构可对世界各地的伪造产品事件进行收集。需要着重说明的是，接下来介绍的整个评估框架（指标和算法）非常灵活，足以应对案例数据/数据来源的任何变化。

6.3 测试指标

本书对伪元件相关术语进行了介绍，目前有关伪元件检测的研究仍处于起步阶段，前文给出的多数测试要素在其他资料中尚无涉及。为评估这些测试方法的有效性，设计伪元件缺陷检测覆盖率的测试指标尤为重要，下面对相关指标进行详细介绍。

6.3.1 伪元件缺陷覆盖率（CDC）

伪元件缺陷覆盖率是指给定测试方法（或方法集）可检测的缺陷数与已知缺陷总数的比值。采用一系列测试方法来判定待测元件的真伪，能够提升检测结果的累积置信度。CDC可表示为

$$\text{CDC} = \text{可检测的缺陷数}/\text{已知缺陷总数} \times 100\% \tag{6.2}$$

测试方法对伪元件缺陷的检测结果具有一定目标置信度，可在置信度矩阵中体现出来。当一种缺陷通过多种测试方法进行检测时，可提升该缺陷识别的目标置信度。目标置信度的最大取值为1，表明给定测试方法（或方法集）能够完全可靠地检测出该缺陷。考虑到目标置信度的累积作用，可对伪元件缺陷覆盖率重新定义，即给定测试方法（或方法集）对所有缺陷的检测识别目标置信度之和与已知缺陷类型总数的比值，可表示为

$$\text{CDC} = \frac{\sum_{j=1}^{n}(x_{Rj})}{n} \times 100\% \tag{6.3}$$

式中：x_{Rj}为给定测试方法（方法集）对缺陷j检测的最终置信度；n为缺陷类型总数。

在式（6.3）中，假设每种缺陷类型在元件供应链中具有相同的重要程度。然而，实际上不同缺陷的出现频率具有差异，需要在计算CDC时考虑缺陷频率带来的影响。因此，可将式（6.3）改写为

$$\text{CDC} = \frac{\sum_{j=1}^{n}(x_{Rj} \times \text{DF}_j)}{\sum_{j=1}^{n}\text{DF}_j} \times 100\% \tag{6.4}$$

式中：DF_j为缺陷j的出现频率。

6.3.2 伪元件类型覆盖率（CTC）

不同类型伪元件的缺陷存在差异。一些缺陷可能只存在于某些特定类型的伪元件中，而不会在其他类型伪元件中出现，这在缺陷映射矩阵中也得到了体现。对于一些缺陷概率非常小的伪元件类型，可通过决策指标反映出来。例如，超量生产的伪元件可能与正品元件的性能相当，几乎不存在任何缺陷。这样会导致缺陷检测结果不能合理地刻画伪元件缺陷覆盖率。因此，有必要引入伪元件类型覆盖率，以衡量一组测试方法对给定伪造类型的覆盖水平。

伪元件类型覆盖率是对给定测试方法可检测出给定类型的伪元件（回收、

重标记等）缺陷的定量刻画，可表示为

CTC＝DI×给定伪造类型中可检测的缺陷数/给定伪造类型中的所有缺陷数

(6.5)

式中：DI 为决策指标。

CTC 也可理解为判定待测元件存在特定伪造类型的总置信度，可用 CTC_k 表示。也就是说，在指定伪元件类型 k 的情况下，给定一组测试方法对该伪元件类型中所有缺陷的检测识别目标置信度之和与该伪元件类型中已知缺陷总数的比值。

$$CTC_k = DI_k \times \frac{\sum_{j=1}^{n}(x_{Rj} \times w_{jk})}{\sum_{j=1}^{n}(w_{jk})} \times 100\% \quad (6.6)$$

式中：CTC_k 为伪元件类型 k 的伪元件类型覆盖率；DI_k 为伪元件类型 k 的决策指标；x_{Rj} 为给定测试方法（方法集）对缺陷 j 检测的最终置信度；w_{jk} 为伪元件类型 k 中缺陷 j 的存在情况，$w_{jk} \in \{0, 1\}$。

式（6.6）假设各种缺陷在元件供应链中出现的概率相同，但实际上一些缺陷出现的频率比其他缺陷要高。计算 CTC 时需要考虑缺陷频率的影响。因此，可将式（6.6）改写为

$$CTC_k = DI_k \times \frac{\sum_{j=1}^{n}(x_{Rj} \times DF_j \times w_{jk})}{\sum_{j=1}^{n}(DF_j \times w_{jk})} \times 100\% \quad (6.7)$$

式中：DF_j 为缺陷 j 的出现频率。

6.3.3 未覆盖缺陷（NCD）

未覆盖缺陷是指给定的一组测试集不能检测到某种特定的伪元件缺陷。如果伪元件缺陷 j 为 NCD，其可表示为

$$x_{Rj} = 0 \quad (6.8)$$

式中：x_{Rj} 为式（6.1）中给出的测试方法（方法集）对缺陷 j 检测的最终置信度。

6.3.4 低覆盖缺陷（UCD）

低覆盖缺陷是指给定的一组测试集对某种特定缺陷检测的最终置信度低于预期设定的置信度水平。如果伪集成电路缺陷 j 为 UCD，其可表示为

$$x_{Rj} < TC \quad (6.9)$$

式中：x_{Rj} 为式（6.1）中给出的测试方法（方法集）对缺陷 j 检测的最终置信度；TC 为在测试应用中针对缺陷设定的目标置信度。

6.4 评估框架

不同机构分别制定了用于伪元件检测的不同测试方法序列。评估框架用于对筛查伪元件的测试方法序列进行评估，具有两种不同的运用模式：当静态评估时，直接对待考查的测试序列进行评价，产出的测试指标包括 CDC、CTC、NCD 和 UCD 等；当动态评估时，评估框架将当前所有可用的测试方法作为输入，输出：①最佳测试集；②在一定测试时间和成本预算条件下，覆盖范围最广的最优测试集。对各种测试方法的评估均基于相同的测试指标。

6.4.1 静态评估

对测试实验室的能力进行评估时，静态评估可为其提供一系列指定测试计划的有效评价。"静态"表明放入到该框架中的测试方法不发生变化，评估结果在综合分析这组测试方法后得出。

1. 测试方法评估

算法 6.1 给出了评估框架的工作流程。首先，将用户指定的测试方法作为评估框架的输入，同时根据指定的风险类别（测试层级断点）选择目标置信度。然后，从安全数据库中读取置信度矩阵、决策指标，以及缺陷映射矩阵。算法 6.1 第 3 行中的函数 CALCULATE( ) 可为所有缺陷类型计算出最终置信度结果，第 5~8 行中的函数 CALCULATE( ) 分别用于计算 CDC、CTC、NCD，以及 UCD。

算法 6.1　静态评估

1. 输入：用户指定的测试方法（M^S）、置信度矩阵（CL）、决策指标（DI），以及缺陷映射（DM）矩阵
2. for（所有缺陷索引 j 从 0 至 n）do
3. 　计算 x_{Rj}，x_{Rj}←CALCULATE（X，M^S）
4. end for
5. 计算伪元件缺陷覆盖率，CDC←CALCULATE（x_R，DF）
6. 计算伪元件类型覆盖率，CTC←CALCULATE（x_R，DF，DI，DM）
7. 计算未覆盖缺陷，NCD←CALCULATE（x_R）
8. 计算低覆盖缺陷，UCD←CALCULATE（x_R，TC）
9. 输出 CDC、CTC、NCD 和 UCD

2. 示例

本节将讨论一个包含合成数据的简短示例。假设希望在极高测试层级中评估 5 种测试方法（表 6.2 中描述的层级 4），这 5 种用于伪元件的测试方法分别为 ($\{M1, M2, M3, M4, M5\}$)，伪元件中包含 5 种缺陷，分别为 ($\{D1, D2, D3, D4, D5\}$)。CL 和 DF 分别为

$$CL = \begin{matrix} & \begin{matrix} D1 & D2 & D3 & D4 & D5 \end{matrix} \\ \begin{matrix} M1 \\ M2 \\ M3 \\ M4 \\ M5 \end{matrix} & \begin{bmatrix} 0.9 & 0.5 & 0.0 & 0.0 & 0.0 \\ 0.0 & 0.0 & 0.9 & 0.0 & 0.5 \\ 0.0 & 0.9 & 0.0 & 0.0 & 0.0 \\ 0.9 & 0.0 & 0.0 & 0.0 & 0.0 \\ 0.0 & 0.0 & 0.9 & 0.0 & 0.0 \end{bmatrix} \end{matrix}, \quad DF = \begin{matrix} D1 \\ D2 \\ D3 \\ D4 \\ D5 \end{matrix} \begin{bmatrix} 1 \\ 1 \\ 1 \\ 1 \\ 1 \end{bmatrix}$$

置信度矩阵可理解如下：每一行表示一种测试方法（例如，第 1 行表示测试方法 M1，第 2 行表示测试方法 M2，以此类推）。每一列表示一种缺陷（例如，第 1 列表示缺陷 D1，第 2 列表示缺陷 D2，以此类推）。矩阵中的每个元素表示使用给定测试方法对给定缺陷的检测目标置信度。这意味着测试方法 M1 能够检测到缺陷 D1 的概率为 0.9，能够检测到缺陷 D2 的概率为 0.5，能够检测到缺陷 D3、D4 和 D5 的概率为 0。

假设存在 3 种伪元件类型（$\{x, y, z\}$），其 DM 和 DI 分别为

$$DM = \begin{matrix} & \begin{matrix} x & y & z \end{matrix} \\ \begin{matrix} D1 \\ D2 \\ D3 \\ D4 \\ D5 \end{matrix} & \begin{bmatrix} 1 & 0 & 1 \\ 0 & 0 & 1 \\ 1 & 1 & 0 \\ 1 & 1 & 0 \\ 1 & 1 & 1 \end{bmatrix} \end{matrix}, \quad DI = \begin{matrix} x \\ y \\ z \end{matrix} \begin{bmatrix} 0.9 \\ 0.5 \\ 0.1 \end{bmatrix}$$

表 6.5 对评估过程进行了概括。伪元件缺陷覆盖率为 68.8%，对于 x、y、z 这 3 种伪元件类型的伪元件类型覆盖率分别为 55.8%、24.8% 和 8.1%，伪元件类型 y，z 的覆盖率相对偏低，是因为与这两种伪元件类型相关的缺陷比较少见。从决策指标中可以看出，在伪元件类型 y，z 中发现任何伪元件缺陷的概率分别为 0.5 和 0.1。

表 6.5 用于静态评估的样本示例

步骤	操作	描述
第 1 行	读取输入	读取 M^S、TL、CL、DI 和 DM

(续表)

步骤	操作	描述
第 2 -4 行	使用式（6.1）计算最终置信度（x_R）	$x_{RD1} = 1-\{(1-0.9)(1-0)(1-0)(1-0.9)(1-0)\} = 0.99$ $x_{RD2} = 1-\{(1-0.5)(1-0)(1-0.9)(1-0)(1-0)\} = 0.95$ $x_{RD3} = 1-\{(1-0)(1-0.9)(1-0)(1-0)(1-0.9)\} = 0.99$ $x_{RD4} = 1-\{(1-0)(1-0)(1-0)(1-0)(1-0)\} = 0.00$ $x_{RD5} = 1-\{(1-0)(1-0.5)(1-0)(1-0)(1-0)\} = 0.50$
第 5 行	使用式（6.4）计算伪元件缺陷覆盖率	$CDC = 100 \times \dfrac{1\times0.99+1\times0.95+1\times0.99+1\times0.00+1\times0.50}{1+1+1+1+1}\% = 68.6\%$
第 6 行	使用式（6.7）计算伪元件类型覆盖率	$CTC_x = 0.9 \times \dfrac{1\times0.99+0\times0.95+1\times0.99+1\times0.00+1\times0.50}{1+0+1+1+1}\times100\% = 55.8\%$ $CTC_y = 0.5 \times \dfrac{0\times0.99+0\times0.95+1\times0.99+1\times0.00+1\times0.50}{0+0+1+1+1}\times100\% = 24.8\%$ $CTC_z = 0.5 \times \dfrac{1\times0.99+1\times0.95+0\times0.99+0\times0.00+1\times0.50}{1+1+0+0+1}\times100\% = 8.1\%$
第 7 行	使用式（6.8）计算未覆盖缺陷	NCD：缺陷 D4 的 $x_{Rd} = 0$
第 8 行	使用式（6.9）计算低覆盖缺陷	UCD：缺陷 D5 的 $x_{Re} < TC$ （0.50<0.95）

3. 结果

康涅狄格大学 CHASE 中心采用该评估框架对不同测试实验室和标准中推荐的测试方法的有效性进行评估。下面对领域专家推荐的用于微电路元件低风险测试的方法进行评估。

正如 6.2.9 节所述，评估框架需要的大部分数据并不能直接获取。为了评估测试方法，将 G-19A 组织[12] 中领域专家和测试实验室所提供的数据进行整理。整理后的信息包括置信度矩阵、决策指标、缺陷频率等。考虑到伪造者掌握这些信息可能会产生危害，这里不再对其进行展示。由于不同测试实验室的能力存在差异，因此采用所有测试实验室的平均测试时间和平均测试成本作为评估框架的输入。

表 6.6 给出了对低风险类别测试方法的评估，其中第 3 列代表伪元件缺陷覆盖率。单独使用常规外部视觉检查可提供 35.4% 的覆盖率。将常规外部视觉检查与详细外部视觉检查结合起来使用，可达到 47.6% 的覆盖率，将所有的 11 种测试方法结合起来使用，最终可获得 82.1% 的覆盖率。这表明采用所有测试方法之后，能够有 82.1% 的目标置信度对伪元件进行正确识别。有 3 种缺陷无法用这些测试方法检测出来，即未覆盖缺陷。除未覆盖缺陷外，其他所有

缺陷对应的最终检测置信度都大于目标置信度，因此不存在低覆盖缺陷。

表 6.6　低风险类型测试方法的评估（CDC）

序号	测试方法	CDC/%
1	常规外部视觉检查	35.4
2	详细外部视觉检查	47.6
3	针对重标记的测试（外部视觉检查）	48.1
4	针对表面翻新的测试（外部视觉检查）	48.3
5	键合线精加工分析（X 射线荧光）	48.5
6	键合线精加工厚度（X 射线荧光）	48.5
7	材料成分分析（X 射线荧光）	51.4
8	内部检查	65.4
9	放射学检查	71.5
10	声学显微镜检查	71.6
11	环境温度直流测试	82.1
12	低风险类型的测试计划	82.1

表 6.7 给出了所有类型伪元件的伪元件类型覆盖率。正如前文所述，进行缺陷检测有助于识别元件真伪，但并不能直接说明元件对应的伪造类型，而伪元件类型覆盖率可实现这一功能。由于回收和重标记类型下任意伪缺陷的发现概率均接近于 1，则其伪元件类型覆盖率取值接近伪元件缺陷覆盖率（表 6.3 决策指标向量中，与回收和重标记类型对应的元素值为 0.98 和 0.9）。然而，对于超量生产和克隆类型的伪元件，伪元件类型覆盖率取值很小，分别为 1.6% 和 6.3%，从中找到伪元件缺陷的概率极小。这意味着对于不同伪造类型的检测，需要使用不同的测试方法集 [防伪设计（DFAC）]。本书将在第 9~12 章中介绍不同的防伪设计方法。鉴于理解篡改类型伪元件的缺陷和异常具有其独有的挑战性，因此没有对其进行评估。在表 6.7 中，对篡改类型的伪元件类型覆盖率标记为 "不适用（NA）"。

表 6.7　低风险类型的测试方法评估（CTC）

序号	伪造类型	CTC
1	回收	82.8
2	重标记	84.5

(续表)

序号	伪造类型	CTC
3	超量生产	1.6
4	不合格/有缺陷	53.3
5	克隆	6.3
6	伪造文件	68.9
7	篡改	不适用

6.4.2 动态评估

需要选定一套针对风险极高应用的测试方法，以最大限度地提高测试目标置信度。对于风险极高的应用（航空航天、军事、交通等），应当尽可能地降低误差边界。同时，对于风险较低的应用，用户不必进行详尽的测试，更应注重测试的时间和成本。在测试时间和成本允许的范围内，找到能够最大程度覆盖缺陷的最优测试方法集。下面，首先给出测试方法的选择策略，然后对所选测试方法进行评估。

1. 测试方法的选择

测试方法选择算法的目标是在考虑测试时间、测试成本，以及应用风险类型约束的前提下，找出一组能够最大程度覆盖伪元件缺陷的最优测试方法集。一种伪元件缺陷可由多种方法以不同的置信度检测。因此，测试方法的选择可概括为在给定的实际约束条件下，选择能获得最高伪元件缺陷覆盖率的最适合方法。

该问题可表述为以下形式。

选择一组方法集 $M^s \subset M$，以使得 CDC 最大化，满足

$$x_{Rj} \geq \mathrm{TC}, \forall j \in \{1:n\} \quad \text{（用于极高风险应用）}$$

$$\begin{cases} x_{Rj} \geq \mathrm{TC}, \forall j \in \{1:n\} \\ M_1 C_1 + M_2 C_2 + \cdots + M_m C_m \leq C_{\mathrm{user}} \\ M_1 T_1 + M_2 T_2 + \cdots + M_m T_m \leq T_{\mathrm{user}} \end{cases} \quad \text{（用于非极高风险应用）}$$

式中：x_{Rj} 为给定测试方法集对缺陷 j 检测的最终置信度；TC 为目标置信度；M_i 为是否选择测试方法 i，$M_i = \{0, 1\} = \{\text{未选择, 选择}\}$；$C_i$ 为测试方法 i 的成本；T_i 为测试方法 i 的耗时；m 为测试方法的数量；n 为缺陷数量；C_{user} 为用户指定的总测试成本；T_{user} 为用户指定的总测试时间。

算法 6.2 描述了测试方法的选择过程。首先，将推荐测试方法集设置为空

集。然后，获取各缺陷类型对应的缺陷频率和目标置信度。接下来，根据缺陷频率将所有缺陷类型进行排序，有效识别高频率缺陷有助于实现更高的伪元件缺陷覆盖率。

算法6.2　测试方法选择算法

1. 初始化选择方法集，$M^S \leftarrow \{\varnothing\}$
2. 用户设定成本约束 C_{user}（对于极高风险的应用不进行设定）
3. 用户设定时间约束 T_{user}（对于极高风险的应用不进行设定）
4. 设定风险类型，TC←用户设定测试层级
5. 获取置信度矩阵（CL）
6. 获取缺陷频率（DF）
7. 根据缺陷频率对缺陷类型进行排序，$D \leftarrow$ SORT（DF）
8. if（TL==极高风险）then
9. 　for（D 中所有缺陷下标 j 从 0 至 n）do
10. 　　根据 x_{ij} 将测试方法进行排序，$M' \leftarrow$ SORT（M, CL）
11. 　　计算 x_{Rj}，$x_{Rj} \leftarrow$ CALCULATE（CL, M'）
12. 　　for（M' 中所有方法下标 i 从 0 至 m）do
13. 　　　SELECTMETHODS（CL, M', x_{Rj}, TC）
14. 　　end for
15. 　end for
16. else
17. 　for（D 中所有缺陷下标 j 从 0 至 n）do
18. 　　根据测试成本和时间将方法进行排序，$M' \leftarrow$ SORT（M, T, C）
19. 　　计算 x_{Rj}，$x_{Rj} \leftarrow$ CALCULATE（CL, M'）
20. 　　for（M' 中所有方法下标 i 从 0 至 m）do
21. 　　　SELECTMETHODS（CL, M', x_{Rj}, TC, C_{user}, T_{user}）
22. 　　end for
23. 　end for
24. end if

对于极高风险的应用，期望获得最大的伪元件缺陷覆盖率，无须考虑测试时间和测试成本。而对于低风险和极低风险的应用，测试时间和测试成本比伪元件缺陷覆盖率更为重要。对于适中风险和高风险的应用，可通过设置较大的测试时间和测试成本约束来提高检测置信度。对于极高风险应用，算法6.2中第10行中的SORT（）函数以 M 和 CL 作为参数，依据 x_{ij} 取值进行排序，对 $x_{ij} = 0$ 的方法 i 不做处理；第11行采用式（6.1）计算 CALCULATE（）函数；第13行的 SELECTMETHODS（）函数以 x_{ij} 和 TC 作为参数来选择测试方法，直

到满足条件 $x_{Rj} \geq TC$ 为止。如果遍历所有的测试方法都不能满足该条件，那么这些缺陷属于低覆盖缺陷。若 $x_{Rj}=0$，则其为未覆盖缺陷。

对于其他应用，算法 6.2 中第 18 行中的 SORT( ) 函数以 M、T 和 C 作为参数，按照 t_i 和 c_i 的线性组合（$0.5t_i+0.5c_i$）进行排序，对 $x_{ij}=0$ 的方法 i 不做处理，最终置信度结果可调用第 19 行中的 CALCULATE( ) 函数按照式（6.1）来计算；第 21 行的 SELECTMETHODS( ) 函数以 CL、M'、x_{Rj}、TC、C_{user}、T_{user} 作为输入参数，挑选出具有最小测试时间和测试成本，并且满足 $x_{Rj} \geq TC$ 的测试方法。如果该条件在遍历所有测试方法后仍不满足，那么这些缺陷属于低覆盖缺陷。若 $x_{Rj}=0$，则这些缺陷为未覆盖缺陷。

2. 测试方法评估

选择测试方法后，可对这些方法进行评估。通过将决策指标及缺陷映射矩阵作为输入，调用算法 6.1，再使用算法 6.2 对所选方法进行评估，即可计算出伪元件缺陷覆盖率、伪元件类型覆盖率、未覆盖缺陷和低覆盖缺陷。

3. 示例

下面以一个简单的示例表 6.8 来解释动态评估过程。本示例中使用的所有数据与上文中示例是一致的。

表 6.8　用于动态评估的样本示例

	步骤	操作	描述
选择方法 （算法 6.2）	第 4~6 行	读取输入	读取 TL、CL 和 DF
	第 7 行	按缺陷频率排序	若每种类型缺陷同等重要，则不用排序
	第 17~23 行	选择测试方法	缺陷 D1：选择测试方法 M1 缺陷 D2：方法 M1 已被选择，且 $x_{RD2}=TC$，没有更多的方法可选 缺陷 D3：选择测试方法 M2 缺陷 D4：没有测试方法可检测 D4 缺陷 D5：方法 M2 已被选择，且 $x_{RD5}=TC$，没有更多的方法可选 被选择的方法为 M1 和 M2
选择方法 （算法6.1）		读取输入	读取 DI 和 DM
	第 2~4 行	按式（6.1）计算最终置信度 x_R	$x_{RD1}=1-\{(1-0.9)(1-0)\}=0.9$ $x_{RD2}=1-\{(1-0.5)(1-0)\}=0.5$ $x_{RD3}=1-\{(1-0)(1-0.9)\}=0.9$ $x_{RD4}=1-\{(1-0)(1-0)\}=0.0$ $x_{RD5}=1-\{(1-0)(1-0.5)\}=0.5$

(续表)

	步骤	操作	描述
选择方法 （算法6.1）	第5行	按式（6.4） 计算CDC	$CDC = 100 \times \dfrac{1 \times 0.9 + 1 \times 0.5 + 1 \times 0.9 + 1 \times 0.0 + 1 \times 0.5}{1+1+1+1+1}\% = 56\%$
	第6行	按式（6.7） 计算CTC	$CTC_x = 0.9 \times \dfrac{1 \times 0.9 + 0 \times 0.5 + 1 \times 0.9 + 1 \times 0.0 + 1 \times 0.5}{1+0+1+1+1} \times 100\%$ $= 51.75\%$ $CTC_y = 0.5 \times \dfrac{0 \times 0.9 + 0 \times 0.5 + 1 \times 0.9 + 1 \times 0.0 + 1 \times 0.5}{0+0+1+1+1} \times 100\%$ $= 23.3\%$ $CTC_z = 0.5 \times \dfrac{1 \times 0.9 + 1 \times 0.5 + 0 \times 0.9 + 0 \times 0.0 + 1 \times 0.5}{1+1+0+0+1} \times 100\%$ $= 6.3\%$
	第7行	按式（6.8） 计算NCD	NCD：缺陷D4对应的$x_{RD}=0$
	第8行	按式（6.9） 计算UCD	无

本示例中考虑了低风险类型的应用，其相应的目标置信度为0.5（如表6.2中描述）。为方便展示，本示例中未考虑测试时间和测试成本。

4. 结果

动态评估首先推荐一组测试方法，然后对其进行评估。本节将研究：①从现有完备的防伪测试方法集合中找出满足最大CDC的最优方法集；②考虑测试成本、测试时间和应用类型的条件下，从完备测试方法中找出满足最大CDC的最优方法集。如前文所述，把G-19A组织[12]中领域专家和测试实验室的一致意见作为评估框架的输入信息。

表6.9给出了测试方法动态评估在低风险类型应用中的结果。表6.9中第2列给出了推荐的测试方法。由于康涅狄格大学CHASE中心与G-19A组织达成了保密协定，这里不对测试成本和测试时间进行详细说明。首先推荐的测试方法是常规EVI，能达到35.4%的伪缺陷覆盖率。其次推荐的测试方法是内部检查与常规EVI相结合的方法，能达到49.7%的伪缺陷覆盖率。如果将6种测试方法结合起来使用可达到85.4%的最终伪缺陷覆盖率。使用动态评估方法，在结果相当的情况下可显著减少所用测试方法的数量（从11个减少为6个）。在该风险类型应用中不存在NCD或UCD。

表6.9 低风险类型的测试方法评估（CDC）

序号	测试方法	CDC/%
1	常规外部视觉检查	35.4
2	内部检查	49.7
3	键合线拉引强度检查	50.9
4	放射学检查	64.2
5	环境温度条件下的直流测试	75.7
6	环境温度条件下的关键交流/翻转参数测试	85.4
7	低风险类型的测试计划	85.4

表6.10给出了低风险类型应用中伪元件类型覆盖率的情况。这里可以看出所有伪元件类型在动态和静态评估中具有相似的伪元件类型覆盖率，这是由于两种评估都有相似的伪元件缺陷覆盖率。

表6.10 低风险类型应用中伪元件类型覆盖率的情况

序号	伪造类型	CTC
1	回收	84.4
2	重标记	76.5
3	超量生产	2.5
4	不合格/有缺陷	80.1
5	克隆	8.4
6	伪造文件	62.9
7	篡改	不适用

6.4.3 静态评估与动态评估比较

当用户希望对一套固定的测试方法进行评估时，可使用静态评估获得相关测试指标。在动态评估中，首先推荐一个或一组最佳的测试方法，然后对所选测试方法进行评估。比较两种评估获得的测试结果十分必要。这里，选取领域专家推荐的测试方法对5种风险类型进行静态评估，将图4.1中的所有测试方法纳入动态评估范围，选取一组最优的测试方法集。

对本章提出的评估框架与领域专家提出的测试方法进行比较，图6.1~图6.5给出了5种风险类型下伪元件缺陷覆盖率的提升。在图6.1~图6.5中，x轴表示参与评估的测试方法数，y轴表示伪元件缺陷覆盖率计算结果；DA表示动态评估过程推荐的测试方法，SA表示由领域专家推荐的测试方法。

图 6.1 清晰地展示了测试方法集中方法数量在一定范围增加时,伪元件缺陷覆盖率增加并不显著(相对于只采用测试方法 1 的情况,测试方法数由 2 增加为 7 的过程中伪元件缺陷覆盖率没有显著增加)。这些测试方法都适用于相同的缺陷类型,对伪元件缺陷覆盖率增加没有显著影响。然而,从评估框架给出的最终结果来看,每种测试方法对伪元件缺陷覆盖率的提高都有贡献。使用动态评估中推荐的 14 种测试方法,伪元件缺陷覆盖率可达到 99.4%;而使用领域专家推荐的 19 种测试方法,伪元件缺陷覆盖率可达到 99.1%。

图 6.2~图 6.5 反映了类似的变化趋势。可以看到,伪元件缺陷覆盖率相当的情况下,采用本节提出的评估框架可显著减少测试方法集中的方法数量,从而降低测试成本和测试时间。对于不同的测试层级,动态评估可降低 10%~23% 的测试成本,减少 10%~24% 测试时间。由于康涅狄格大学 CHASE 中心与 G-19A 组织达成了不披露共识,这里将测试时间和测试成本的真实值略去。

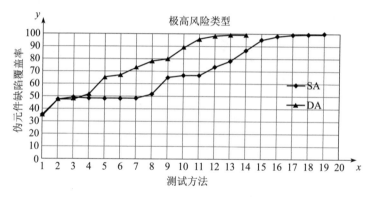

图 6.1 极高风险类型应用的伪元件缺陷覆盖率

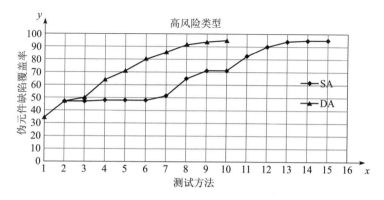

图 6.2 高风险类型应用的伪元件缺陷覆盖率

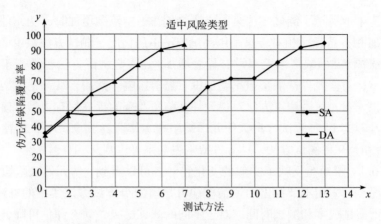

图 6.3　适中风险类型应用的伪元件缺陷覆盖率

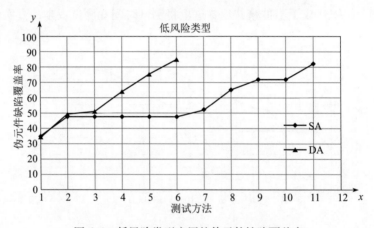

图 6.4　低风险类型应用的伪元件缺陷覆盖率

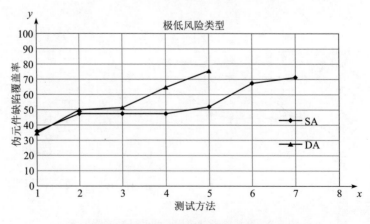

图 6.5　极低风险类型应用的伪元件缺陷覆盖率

第 6 章 现有伪元件检测方法的覆盖率评估

表 6.11 给出了所有类型的 CTC。对于 6 种伪元件类型，SA 和 DA 推荐的测试方法对应的 CTC 结果大致相当。然而，低风险和极低风险的应用中，DA 推荐的测试方法可提高超量生产、不合格/有缺陷、克隆伪元件这几种类型的 CTC。这是由于 DA 推荐的测试方法能够更好地覆盖与电气参数相关的缺陷。

表 6.11 所有类型的 CTC

伪造类型	极高风险		高风险		适中风险		低风险		极低风险	
	SA	DA	SA	DA	SA	DA	SA	DA	SA	DA
回收	97.1	97.4	93.5	92.8	92.5	91.6	82.8	84.4	73.2	76.6
重标记	89.2	89.3	84.6	83.7	84.6	83.6	84.5	76.5	81.0	76.4
超量生产	3.0	3.0	2.7	2.7	2.6	2.6	1.6	2.5	0.9	1.7
不合格/有缺陷	96.7	97.3	89.4	88.9	85.7	85.0	53.3	80.1	29.8	54.6
克隆	9.9	9.9	9.3	9.2	9.0	8.9	6.3	8.4	4.3	6.3
伪造文件	68.9	68.9	68.9	68.8	68.9	68.8	68.9	62.9	68.8	62.9
篡改	NA	NA	NA	NA	NA	NA	NA	NA	NA	NA

图 6.6 给出了 5 种风险应用中 NCD 和 UCD 的数量。图 6.6（a）展示了极高风险、高风险和适中风险类型应用中，两组测试方法都具有相同的 NCD。在低风险和极低风险类型应用中，采用 DA 推荐的测试方法集能够达到更高的伪元件缺陷覆盖率。在低风险和极低风险类型应用中，由 SA 推荐的测试方法侧重于检测过程缺陷、机械缺陷和环境缺陷，而无法有效检测大多数电子缺陷，因此对应的 NCD 偏高，在极低风险类型的应用中尤为显著。在图 6.6（b）中，SA 和 DA 推荐的测试方法具有相似的 UCD。对于低风险和极低风险类型的应用，由于低目标置信度能够被测试方法所覆盖，因此不存在 UCD。

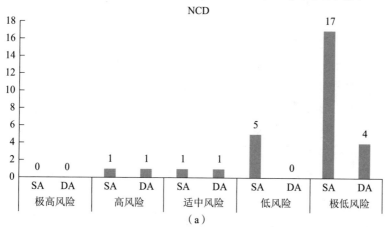

（a）

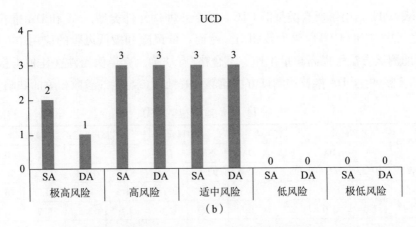

图 6.6 对比研究领域专家推荐测试方法集与评估框架推荐测试方法集的 NCD 和 UCD
(a) 所有 5 种风险类型的 NCD；(b) 所有 5 种风险类型的 UCD。

6.5 总结

本章通过引入伪元件缺陷覆盖率（CDC）、伪元件类型覆盖率（CTC）、低覆盖缺陷（UCD）和未覆盖缺陷（NCD）等量化指标，设计了用于评估现有测试方法的综合框架。框架中提供了两种评估类型，静态评估是基于前面提到的指标对给定测试方法进行评估；动态评估是通过选择最佳的测试方法集使得测试覆盖率达到最小化①。根据明确的测试设备和测试方法，可用静态评估来估计测试实验室的伪元件检测能力。通过增加不同的测试设备和提高测试技能，测试实验室可采用动态评估提高伪元件检测能力。同时，使用动态评估还能实现测试时间、测试成本与伪元件缺陷覆盖率的权衡折中。两种评估框架都能够衡量伪元件缺陷的部分覆盖或遗漏情况，伪造品种类的覆盖情况等。这些信息可用于指导检测伪元件的新测试方法设计。

当前的伪元件测试评估方法在数据收集方面仍面临挑战。在本章实验中，由康涅狄格大学 CHASE 中心对领域专家和 G-19A 组织的参与实验室所提供的数据进行整编，形成了测试框架的输入数据（例如，置信度矩阵、决策指标等）。下一步，有必要扩大这些输入数据的收集范围（可扩大到全球范围），从而提高测试对伪元件类型的覆盖范围。收集数据的第一步将在第 7 章中进行介绍。目前，收集到的数据对回收、重标记、不合格/有缺陷和伪造文件等伪

---

① 译者注：原文为"最小化（minimize）"，实际应为"最大化"。

元件类型已充分覆盖，而对超量生产和克隆伪元件类型的伪元件缺陷覆盖率还偏低。为此，迫切需要制定新的防伪设计（DFAC）措施来对这些伪元件类型实现有效检测。

参考文献

[1] U Guin, D DiMase, M Tehranipoor. Counterfeit integrated circuits: detection, avoidance, and the challenges ahead. J. Electron. Test. 30(1), 9–23 (2014).

[2] U Guin, K Huang, D DiMase, et al. Counterfeit integrated circuits: a rising threat in the global semiconductor supply chain. Proc. IEEE 102(8), 1207–1228 (2014).

[3] U Guin, M Tehranipoor, D DiMase, et al. Counterfeit IC detection and challenges ahead. ACM/SIGDA E-NEWSLETTER 43(3) (2013).

[4] U Guin, D Forte, M Tehranipoor. Anti-counterfeit techniques: from design to resign, in Microprocessor Test and Verification (MTV) (2013).

[5] U Guin, M Tehranipoor. On selection of counterfeit IC detection methods, in IEEE North Atlantic Test Workshop (NATW) (2013).

[6] U Guin, D DiMase, M Tehranipoor. A comprehensive framework for counterfeit defect coverage analysis and detection assessment. J. Electron. Test. 30 (1), 25–40 (2014) References 131.

[7] CHASE. ARO/CHASE Special Workshop on Counterfeit Electronics, January 2013, http://www.chase.uconn.edu/arochase-special-workshop-on-counterfeit-electronics.php.

[8] CHASE. CHASE Workshop on Secure/Trustworthy Systems and Supply Chain Assurance, April 2014, https://www.chase.uconn.edu/chase-workshop-2014.php.

[9] SAE. Test Methods Standard; Counterfeit Electronic Parts. Work in Progress, http://standards.sae.org/wip/as6171/.

[10] ERAI. Report to ERAI, http://www.erai.com/information_sharing_high_risk_parts.

[11] GIDEP. How To Submit Data, http://www.gidep.org/data/submit.htm.

[12] G-19A Test Laboratory Standards Development Committee, http://www.sae.org/servlets/works/committeeHome.do?comtID=TEAG19A.

第 7 章
高级物理测试

第 4 章指出了常规物理测试方法面临的挑战和局限性。常规的伪元件检测方法难以检测出越来越精细复杂的伪造产品。伪造者通过采用先进的技术手段，使得伪产品与正品之间的差别进一步减小，在有些情况下可能无法检测。这就需要研究更为先进的防伪检测技术，以便跟上伪造者的脚步。此外，当前检测实践仍依赖于领域专家（SME）对特征参数的量化结果进行解释，也就难以开发有效的自动检测技术，并且不同专家给出结果的一致性也无法得到保证。正是由于这些挑战的存在，而且一些常见的检测方法对元件具有破坏性，促使研究人员创新思路，设计出更为有效的伪元件检测方法。

本章重点介绍两种能够提供集成电路多维信息的新型表征方法：四维扫描电子显微成像和三维（3D）X 射线显微成像。当前使用的简单二维（2D）成像技术在检测中缺乏对更多细微缺陷进行检测的能力。新介绍的方法能够将之前遗漏的细微缺陷有效地检测出来。为促进检测自动化的实现，本章首先解决量化问题。如第 4 章所述，由于缺乏一致的量化指标，相关组织在进行伪元件检测时，只能依赖领域专家对检测结果进行解释。本章将引入几种新的统计参数，以解决最具挑战之一的缺陷检测问题——纹理异常或纹理变化。这是一种常见但不易检测的伪元件缺陷，常产生于元件打磨、重标记或表面翻新环节。

7.1 二维表征的局限性

传统光学、数字和电子显微镜可提供元件的二维表征信息。虽然这些方法能够检测出简单、显著的缺陷（如凹槽、尺寸异常等），但是难以检测出纹理异常、表面起伏变化等更为复杂的缺陷,尤其是伪造者对元件进行了高质量的表面翻新。图 7.1(a)和图 7.1(b)分别给出了使用传统二维方法对元件表面翻新检测的情况。图 7.1(a)中可检测出表面翻新痕迹,而图 7.1(b)中无法检测到表面翻新痕迹。图 7.1(c)和图 7.1(d)所示为采用三维数据进行的表面翻新检测,其通过芯片表面起伏侧壁中的额外材料和纹理变化检测出元件翻新的痕迹。

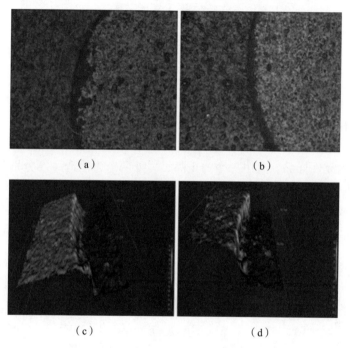

图 7.1 对微处理器封装起伏进行评估的结果
(a)、(b)二维检测;(c)、(d)三维检测。

顶部涂黑是伪元件制作的一种常用手法。常规扫描电子显微成像(SEM)的检测效果取决于其采样参数,一般难以对其实现有效检测。图 7.2 给出了使用不同采样参数对元件同一位置获取的两幅电子显微成像的图像。虽然优化了图像的亮度和对比度,但观测位置实际存在的纹理变化在图 7.2(b)中几乎无法辨认,而在图 7.2(a)中能够清晰地看到顶部具有薄涂层。此外,由于此类图像结果缺乏量化描述,通常需要领域专家来进行辅助解释,不利于检测过程自动化的实现。

二维成像的局限体现在与集成电路外部纹理相关的缺陷上。采用传统放射成像技术获取到的微处理器内部二维图像也存在类似的检测局限。

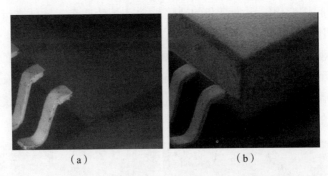

图 7.2　涂层元件同一顶部位置的两幅扫描电子显微成像的图像
(a) 顶部涂黑可见；(b) 顶部涂黑不可见。

目前，工业实践中将二维 X 射线成像作为一项必须的基础性测试[1]，以揭示晶片和键合线相关内部缺陷。然而，在检测实践中，不借助于三维特征仍然难以对一些缺陷进行可靠检测。图 7.3 给出了 3 个外观、生产批号及标记都相同的待测元件样品，其中一个为正品，另外两个为伪造品（分别对应第 1~3 列）。二维 X 射线成像（图 7.3 中第 1 行）检测到第 2 个待测元件样品具有不同的晶片放置方向和尺寸，表明其为重标记伪元件。二维检测方法不能识别第 3 个待测元件样品的真伪。

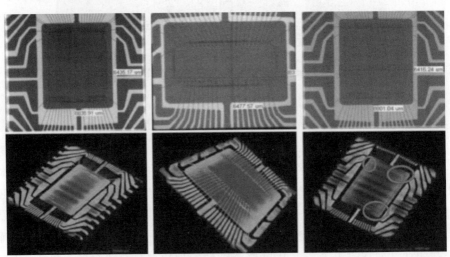

图 7.3　二维与三维成像检查对比（与晶片相关的内部缺陷）

如图 7.3 的第 2 行所示，通过对 X 射线断层扫描图像进行三维重构，可发现第 3 个待测元件样品存在质量问题。图 7.3 中将晶片表面塑封化合物发生分层的区域标注出来。晶片表面分层会对元件的可靠性产生威胁，会在使用过程中发生膨胀,最终导致键合线断裂。检测此种缺陷的唯一替代方法是采用声学扫描显微镜(SAM)[2-3]。虽然一般将 SAM 检测视为无损方法,但是其检测过程需要将样品浸没在水中,如此会导致芯片受损。使用其他检测方法需要对元件进行开封,会造成一定程度的损坏[4]。接下来,将展示一个与键合线缺陷相关的例子,以说明二维信息在检测中存在的局限。

采用图 7.4 中的二维信息不足以检测到元件的细裂纹。检查元件是否存在细裂纹对评估其可靠性至关重要。其他关于二维射线显微成像检测不充分的例子可在文献 [5-6] 中找到。

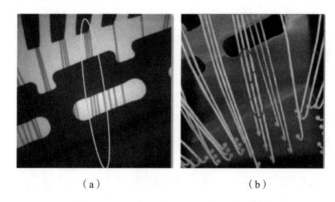

图 7.4 二维与三维键合线成像图[5]
(a) 二维;(b) 三维。

第 4 章曾提到,材料成分表征是一种很有价值的工具,其不仅可提高对伪元件检测的发现概率和置信度,还可在检测手段有限的情况下,拓展可检测的伪元件类型。例如,比较元件顶部、背面和侧面的材料成分,可为元件表面翻新或顶部涂黑的判定提供更多证据。

目前还有多种技术途径能达到上述方法检测的效果,如 X 射线荧光方法(XRF)[7]、拉曼光谱学方法和傅里叶变换红外光谱学方法(FTIR)[8]等。然而,这些方法中大多数都存在以下局限:①主要针对样品表面进行检测,穿透能力只有几纳米深度;②元素分析大多是以一维方式进行的,只能提供扫描区域的平均检测结果,如果要彻底检查,需要对每种可能存在的元素进行检测,还需要对其位置进行定位;③材料成分分析通过分散收集得到,结果以光谱形式展现,而非直观的图像形式,不利于伪元件检测过程的自动化;④分析通常需要多次成像过程,增加了检测的成本和时间。

本章后续的小节将介绍更高级的新表征方法,采用这些方法能够解决上述传统检测方法存在的问题。

7.2 四维扫描电子显微镜

扫描电子显微镜在材料科学中作为一种实用的表征工具被广泛使用。SEM使用二次电子（SE）模式，可有效表征待测元件样品表面的几何形状。直接用SEM获得的图像是二维的，缺乏定量的深度信息，所以在早期使用SEM时，人们就致力于从SEM成像中提取三维信息[9-16]。与其他表征方法相比，基于SEM的三维成像技术具有很大优势。SEM具有超大的景深，可对不同高度的特征实现同时聚焦。SEM的横向分辨率和信噪比（SNR）也显著优于光学成像方法[13]。此外，SEM成像过程中不需要机械接触，这使得其非常适合对带有陡峭凹口和突出的粗糙表面进行观察，如集成电路上的一些模具标记（凹孔）。目前，已经开发了几种基于SEM的三维成像技术，如聚焦离子束（FIB）断层扫描技术[17]、阴影成型技术[18-19]、立体摄影测量技术[9-16]。其中，立体摄影测量技术进行图像处理需要高强度计算，近年来快速计算机的出现引起了人们对该方法的兴趣[20]。常规的立体摄影测量技术主要包含以下3个阶段[16, 20-22]。

（1）图像采集阶段：从两个或多个角度获取同一区域的图像。

（2）图像匹配阶段：对采集到的图像进行匹配，找出同一位置的对应点。

（3）图像深度提取：基于投影几何提取三维信息，构建三维模型。

每一阶段都存在一定的挑战和困难，会对最终重构的结果产生一定影响[13,20,23]。本节将详细介绍每一阶段。采取有效措施可降低每个步骤的误差，以获得更可靠和可复现的定量结果。此外，Everhart-Thornley探测器的背散射二次电子（BSE）模式[24]被首次用于高保真图像重构，对于受充电干扰SE图像尤为有效。最后，提出了一种改进程序，用于定量记录SEM采样对象的表面几何形状。SEM成像测量已在材料学[16,25-26]和牙科医学[14-15]等相关领域中运用，通过运用这些新程序可提高测量的保真度。

下面的各节将对上述各个阶段进行详细介绍，包括其中存在的挑战以及克服这些挑战的补救措施，并对补救措施的效果进行了解释和定量论证。

7.2.1 图像采集阶段

该阶段需要从不同角度获取同一区域的SEM图像。由于探测器固定在SEM设备中，需要通过倾斜中心点工作台或旋转以一定倾角安装在镜基上的样品来获得多个角度图像。后一种方式可在设备最大正负倾斜角范围受限的情况下使用，本章展示的图像均采用FEI quanta FEG 450 SEM设备采集，该设备不存在倾斜角受限的情况。使用 JEOL 6335FESM 时，其最大负倾角不能超过 5°。对于样本而言，需要的正负倾角不少于+5°和-5°[27]。对于平面物体，倾角越大，观测效果越好[20]。因此，如果需要的倾角超过了设备能力范围，通过旋转待观察的样品更为有效。当然，还有一些可以获得不同观测视角的方法[23]，但是倾斜最简单[20]，本章采用倾斜法。

提取待测样品的高度信息，至少需要两幅不同视角的观测图像。然而，为了能够在图像处理中使倾角实现自动校准，可增加一幅倾角在 0°附近的观测图像[27]。当前，也有一些用于数字成像测量的软件包[28-30]。

图像采集阶段，需要满足以下的要求。

（1）视场必须有适当强度的照明，避免电荷及条带干扰。

（2）倾斜旋转的中心要保持不变，从不同视角获得图像的中心都对应样品的同一位置。

（3）观测样本的放大倍率和工作距离必须精确记录且保持不变，方可用于三维图像重构。

为了满足这些要求，导致实际操作面临以下挑战。

1. 图像质量的挑战

采集图像时需要保持适当的照明，以避免图像中出现过亮或过暗的斑点[20,27]。这些斑点缺陷是由样品上不导电材料的电荷堆积造成的。在缺陷不太严重的情况下，可通过调节图像对比度和亮度，缩短扫描驻留时间，使用低真空或常规环境的扫描电子显微运行模式来进行校正。在过量电荷存在的情况下，即使运用低真空和常规环境的扫描电子显微模式，也需要在样品上运用金或碳的导电涂层来避免电荷堆积[31]。虽然这样能有效避免图像中的亮点和暗斑，但在完成检测后难以将导电涂层从带有深槽和凹孔的集成电路上去除，从而对样品造成破坏。本章中大多数图像都采用 Everhart-Thornley 探测器的背散射二次电子探测模式，可有效避免电荷堆积。此外，采用具有可变压力的低真空模式来消除过量电荷的影响。

2. 倾斜操作存在的挑战

倾斜存在挑战的原因及其应对措施在表 7.1 中进行了总结。

表 7.1 倾斜操作的挑战、原因及其应对措施

挑战	原因	应对措施
倾斜的中心轴与数据重构软件标定的中心轴不一致	仪器限制：倾斜过程中可能碰撞到探头	（1）将图像旋转 90°[27] （2）使用 90°扫描旋转（更有效）

（续表）

挑战	原因	应对措施
倾斜过程中图像中心移动	倾斜载物台不精密	倾斜后重新标定图像中心
测量距离不变的条件下，放大过程导致虚焦（注意是在高放大率情况下）	样品中心相对观测高度发生改变	在倾斜 Z 轴上通过载物台高度调整重新聚焦（高倍放大率下）
倾角误差	仪器精密程度受限	仪器内部 CCD 图像处理

1）倾斜轴

图 7.5（a）给出了使用 FEI quanta FEG 450 内置 CCD 相机拍摄的仪器内部图像。图像上标注的坐标网格表示载物台可能的运动方向。这种特殊的 SEM 可沿着 X、Y、Z 3 个轴向进行移动。此外，载物台可绕 Z 轴旋转，绕 Y 轴倾斜。

图 7.5　一个扫描电子显微镜装置内部的 CCD 图像

（a）扫描电子显微镜的坐标；（b）扫描电子显微镜在样品倾角 0°时的内部视图；
（c）扫描电子显微镜在样品倾角+12°时的内部视图；（d）扫描电子显微镜在样品倾角-12°时的内部视图。

几乎任何一部 SEM 都具有如此灵活运动的自由度，差异主要在于倾斜轴，不同 SEM 载物台可能沿 X 轴或 Y 轴倾斜。本章稍后介绍的许多可用软件包中首选的高度提取算法，都以与倾斜轴平行的图像垂直平面为基准[12]。要辨别倾斜轴的参考基准,可查看图像特征在倾斜过程中的移动方向。如果特征垂直移动,那么倾斜轴与图像水平轴是保持平行的,这样图像就与大多数软件包中的算法不兼容。表7.1中给出了解决这一问题的方法,可将观测图像在重构之前旋转90°[27]。虽然这种措施具有一定作用,但对重构图像表面的分辨率和视场会产生负面效果。因此建议在扫描时顺时针旋转90°,这样就不用在获取图像之后再进行旋转,有利于重复测量,并获得更大的视场角度。表7.2给出了下文介绍的500倍放大观测数据重构实验的改进效果。

表7.2 水平轴倾斜策略的效果

使用图像旋转产生的高度变化	使用扫描旋转产生的高度变化	使用图像旋转获得的水平视角长度	使用扫描旋转获得的水平视角长度
365nm	340nm	270.02μm	300.42μm

图7.5(b)~(d)分别给出了在相同的测量距离条件下,无倾斜、正向倾斜和负向倾斜时的样品摆放位置。

2) 中心偏移与聚焦校正

在倾斜操作中,样品会因倾斜轴的不同而产生水平或垂直偏移。图7.6所示为样品在倾斜操作过程中发生偏移的示意。

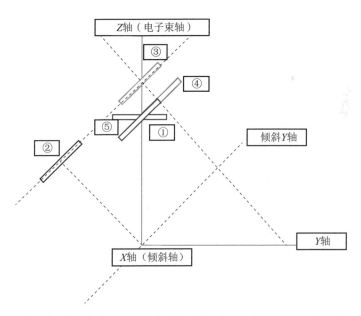

图7.6 样品在倾斜操作过程中发生移动的示意(为便于观察,对该图进行了放大)

当载物台尚未倾斜时,待测样品最初处于图中所示的位置①。倾斜操作后,载物台将移动到位置②(水平移动),需要再将其移回中央位置③。此时,样品的聚焦出现模糊,会影响到三维图像重构。聚焦可以通过改变观测距离来进行调节,但观测距离的改变会导致放大倍率和失真校准发生变化。因此,需要在倾斜 Z 轴上小心移动样品,使其在位置④实现聚焦。聚焦操作过程会导致样品在水平和垂直方向上出现位移,可通过在相应的坐标轴上移动来进行矫正。最终将样品调节到位置⑤,使其中心与倾斜操作前保持重合。

7.2.2 深度提取

待测样品的深度信息可通过改进的 Piazzesi 算法来获得[12]。图 7.7 给出了观测的投影几何形状,使用 Mex 软件[27]实现自动化运算处理。

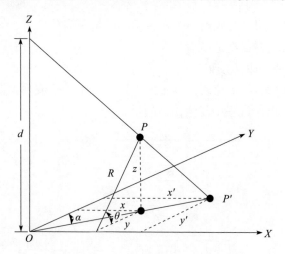

图 7.7 采用 Piazzesi 算法的投影几何形状

样品上的任意点 $P(x, y, z)$ 在二维平面 XY 上的投影为 $P'(x', y')$。在 YZ 平面上采用极坐标:

$$y = R\cos\theta, \quad z = R\sin\theta$$

根据图 7.7 中的三角关系,可用投影距离 d、R 和 θ 表示 x' 和 y',即

$$x' = \frac{x}{1-(R/d)\sin\theta}$$

$$y' = \frac{R\cos\theta}{1-(R/d)\sin\theta}$$

给定任意的倾斜角度 $\Delta\theta$,对 x' 和 y' 进行重新表示。

步骤1：（负向倾斜）

$$P(\theta-\Delta\theta): x_1 = \frac{x}{1-(R/d_1)\sin(\theta-\Delta\theta)}$$

$$y_1 = \frac{R\cos(\theta-\Delta\theta)}{1-(R/d)\sin(\theta-\Delta\theta)}$$

步骤2：（正向倾斜）

$$P(\theta+\Delta\theta): x_1 = \frac{x}{1-(R/d_1)\sin(\theta+\Delta\theta)}$$

$$y_1 = \frac{R\cos(\theta+\Delta\theta)}{1-(R/d)\sin(\theta+\Delta\theta)}$$

通过求解代数方程组，任意点 P 的三维坐标可用下列公式计算得到。

$$z = \frac{(y_1-y_2)\cos(\Delta\theta)+y_1 y_2(1/d_1+1/d_2)\sin(\Delta\theta)}{\sin(2\Delta\theta)(1+y_1 y_2/d_1 d_2)+\cos(2\Delta\theta)(y_1/d_1-y_2/d_2)}$$

$$x = \frac{d_1+d_2-2z\cos(\Delta\theta)}{d_1/x_1+d_2/x_2}$$

$$y = \frac{z((y_1+y_2)\cos(\Delta\theta)+(d_1-d_2)\sin(\Delta\theta))-(y_1 d_1+y_2 d_2)}{(y_1-y_2)\sin(\Delta\theta)-(d_1+d_2)\cos(\Delta\theta)}$$

如此即可得到样品表面的三维信息，并可运用三角函数将 3D 表面可视化。图 7.8（a）、（b）分别为以 +10° 和 -10° 倾角获取集成电路上一个凹孔的观测图像，其对应的观测距离和角度已进行优化选取。图 7.8（c）给出了带有高度信息的三维重构图像。为了扩展得到四维信息，可在三维图像对应的区域上使用能量色散谱映射（EDS），重构出彩色图像以显示样品材料组成的变化。图 7.9 展示了与图 7.8（a）和 7.8（b）相同位置的材料成分，可以看到凹孔壁上存在不同的材料。

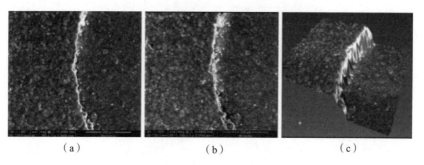

(a)   (b)   (c)

图 7.8 倾斜的二维图像与三维重构图像

(a)、(b) 倾斜的二维图像；(c) 三维重构图像。

芯片封装上出现无机材料是一种异常现象。通过进一步分析，芯片标记上是相同的材料成分，即 Ti 元素和 V 元素。图像中的 Si 元素表明元件可能经过打磨处理。这样的分析结果不仅有助于对元件缺陷进行识别，还可找出伪造的过程，有助于进一步进行防伪检测与防范。图 7.9 中所示的案例中，芯片在重标记之前，其上原有标记已用 SiC 砂纸打磨掉。结合图 7.8（c）和图 7.9，可获得样品的四维信息特征，如图 7.10 所示，这些信息对伪元件检测具有很好的促进作用。

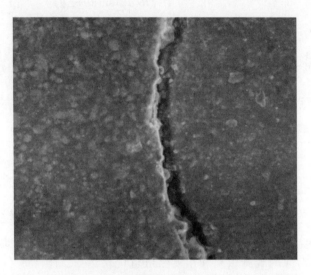

图 7.9 凹孔材料成分图，色带从右至左依次为 C、Si、Ti 和 V 元素

图 7.10 凹孔的四维成像图（各种颜色代表的样本材料与图 7.9 中一致）

7.3 三维表面量化：异常纹理变化

与三维 SEM 相关的数据密度和三维信息可用来对样品进行更加详细的纹理分析。表 7.3 给出了提取芯片表面参数，以量化衡量待测元件的表面特性。表 7.3 中 Z 代表从整个 $M×N$ 的矩形表面区域提取的高度信息。

表 7.3 用于纹理分析的样品表面参数

参数	定义	公式
S_a：平均粗糙度	区域中绝对高度的算术平均	$\sqrt{\dfrac{1}{MN}\sum_{\substack{1\leq i\leq M\\1\leq j\leq N}}Z(i,j)}$
S_q：均方根粗糙度（RMS）	区域中高度的均方根	$\sqrt{\dfrac{1}{MN}\sum_{\substack{1\leq i\leq M\\1\leq j\leq N}}Z^2(i,j)}$
S_p：凸度	区域中的最大高度	$\max_{\substack{1\leq i\leq M\\1\leq j\leq N}} Z(i,j)$
S_v：凹度	区域中的最小高度	$\min_{\substack{1\leq i\leq M\\1\leq j\leq N}} Z(i,j)$
S_{ku}：峰度	区域的陡峭程度	$\dfrac{1}{MNSq^4}\sum_{\substack{1\leq i\leq M\\1\leq j\leq N}} Z^4(i,j)$

粗糙度参数用于衡量纹理变化特性，如平均值和 RMS。高度参数用于分析凹孔高度变化，而与参考平面无关。峰度参数用于衡量样品表面的起伏特性，可与纹理特性相结合检测元件表面的打磨印记和去除标记过程中留下的痕迹。图 7.11 给出了从 5 个集成电路样品凹孔中提取得到的表面特征参数，使用任何单个参数都不能刻画不同元件的表面差异，随着使用的表面参数个数的增加，不同集成电路样品的表面差异能够更好地刻画出来。

从粗糙度参数只能看出样品 5 与其他样品存在差异。从高度参数可以看出，样品 1 和样品 3 与样品 2 和样品 4 不同。这就要求对没有出现在图 7.11 中的第 6 种峰度参数进行测量，其主要用来衡量样品的尺度特征。5 个样品的峰度分别为 0.98、1.5131、1.3048、1.5461 和 1.358。样品 1 的峰度相对偏低是由打磨所造成的，图 7.10 中的四维信息也表明样品中存在因打磨留下的残余材料，进一步证实了该样品元件的伪造过程。

采用上述定量的方式来证明样品元件进行过打磨处理，可以促进检测过程

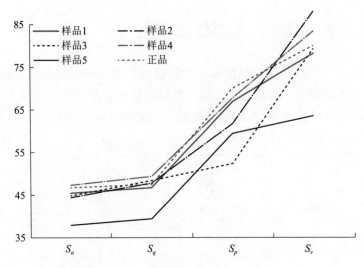

图 7.11 从 5 个集成电路样品凹孔中提取得到的表面特征参数（单位：μm）

自动化的实现。此外，检测中使用的 5 个样品只能说明它们之间存在差异，还需要使用"金片"来得出样品与正品之间的关系。

（1）不同正品元件之间是否也存在此类变化。

（2）样品的表面参数特性是否与金片不同。

图 7.11 中线及其误差带表示了 5 个正品元件的相应参数变化情况。显然，5 个正品元件之间的参数波动远小于 5 个伪元件。此外，相对于高度和峰度参数，粗糙度参数在检测鉴定中的作用较小。

采用三维 SEM 数据进行附加的纹理分析，依据式（7.1）计算样品表面的区域自相关函数（AACF），以获得纹理的方向性特征[12, 32-33]。

$$R(t_i, t_j) = \frac{1}{(M-i)(N-j)} \sum_{l=1}^{N-j} \sum_{k=l}^{M-i} Z(x_k, y_l) Z(x_{k+i}, y_{l+j}) \quad (7.1)$$

其中，$i=0, 1, \cdots, M-1$；$j=0, 1, \cdots, N-1$；$t_i=i\Delta x$；$t_j=j\Delta y$。

图 7.12 给出了每个样品表面的 AACF 颜色图，其取值介于 0 到 1 之间。关于 AACF 的详细信息可查阅文献[34-37]。样品 1 的 AACF 具有理想的统一方向，表明其经过打磨处理。另外，原来具有相似粗糙度参数的样品在 AACF 上表现出差异。

为进一步调查正品元件是否存在类似的情况，对 5 个正品元件的表面观测数据也进行 AACF 计算，结果与伪元件样品不同。从图 7.12 中可以看出，所有正品元件都具有相似的 AACF。因此，AACF 可作为伪元件检测的另一指标。

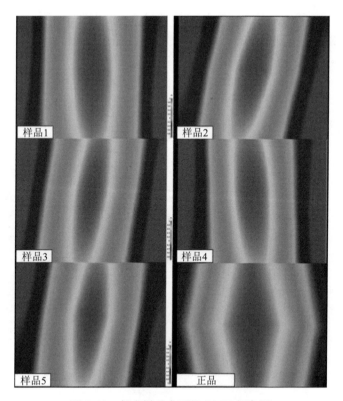

图 7.12 每个样品表面的 AACF 颜色图

7.4 三维 X 射线显微成像

二维 X 射线成像是一种很棒的芯片内部特性无损检查技术[38]。通过拍摄多张二维 X 射线投影并将其重构,即可获得待测元件的三维内外部信息,这项技术通常被称为 X 射线断层扫描。研究人员已经采用三维 X 射线断层扫描来研究电子元件,但仍存在一些问题[33]。

(1) 许多电子元件具有较大的横纵比,需要在断层摄影时保持足够大的距离,以避免样品与探头之间发生碰撞。然而,传统计算机 X 射线断层扫描的分辨率会随着观测距离的增大而降低,X 射线计数的数量也大大降低,导致信噪比较差。

(2) 许多情况下,集成电路样品由不同材料构成,其 X 射线吸收系数也存在差异。例如,元件的封装材料主要含碳元素(C),其 X 射线衰减系数远低于键合线上含有的锡元素(Sn)。这会给 X 射线的能量选择带来麻烦。

（3）伪元件检测应用中，断层扫描耗时长、效率低。

为了克服这些问题，在对元件进行 X 射线断层扫描的过程中可采用两种不同的能量：对元件封装观测时可使用较低的辐射能量，而对引脚进行观测时则可使用较高的辐射能量。两种辐射能量的选用有利于识别元件的外部和内部缺陷。同时，正如图 7.13 中所示的显微成像架构，检测中使用荧光材料能够在更远的观测距离上获得更好的图像分辨率。图 7.13 给出了具有远距离分辨率的 X 射线显微成像示意图。

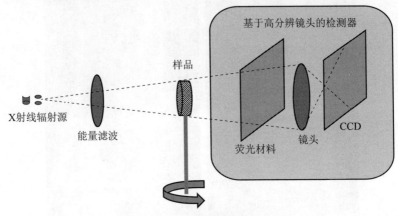

图 7.13　X 射线显微成像示意图

同时，为了在单个图像场景中发现尽可能多的缺陷，大视野检测器可在一次成像中覆盖全部样品。图 7.14 给出了待测样品在低能量和高能量观测条件下的三维成像结果。

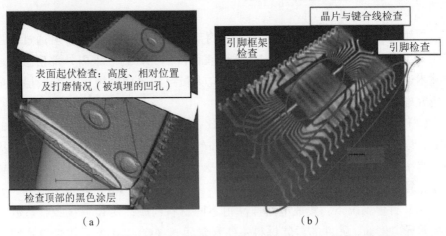

图 7.14　待测样品在低能量和高能量观测条件下的三维成像结果
（a）低能量；（b）高能量。

二维 X 射线成像能够检测出错误晶片和晶片方向错误等缺陷。图 7.15 给出了对所有待测芯片的研究结果。图 7.15 中样品 3 晶片位置朝向及尺寸与其他样品不同，其余 4 个样品看起来与正品元件十分相似，只是正品元件的键合线图案略有不同。这个研究实例说明在检测过程中拓展三维信息很有必要。

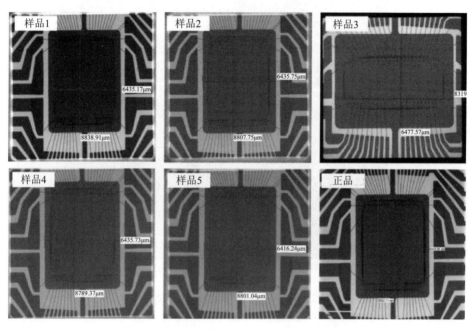

图 7.15　所有待测样品的二维 X 射线成像

图 7.16 给出了样品 1 和样品 2 的三维图像。图 7.16 中样品 1 的晶片表面出现了分层现象。通过进一步研究实物切片图，发现晶片表面的所有角上都有清晰的分层。晶片分层一般是由回收处理所导致的，会严重影响元件的可靠性。在运行数小时后，此类晶片分层会诱发键合线断裂。对样品 5 进行观测也能得到相似的结果。

上述分析表明了三维 X 射线显微成像在伪元件检测中的优越性。但是，为了得到高质量的三维图像，还需对更多地检测结果进行分析。例如，三维 X 射线断层扫描对集成电路可靠性的影响就需要进行更加深入的调查。理论上，为了保证伪元件内部缺陷的分辨率足够高，需要调高样品的电离辐射曝光。此时，需要考虑如何将其对待测样品可靠性的影响降到最低。这些研究将在后续工作中展开。

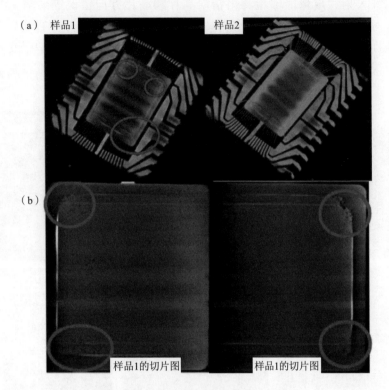

图 7.16 样品 1 和样品 2 的三维图像
(a) 样品 1 和样品 2 中晶片的三维图像；(b) 下：样品 1 的二维实物切片图。

7.5 结果分析

将两种检测技术结合起来，可以识别出 5 种 Intel 闪存集成电路属于伪元件。高质量的量化信息为检测提供了完整且可靠的数据集，包含了元件的内外部结构信息。这些信息能够更好地帮助判断待测元件是否属于伪造品。Honeywell 公司的领域专家在待测元件上执行所有测试得到了相似的信息，并对检测结果进行了讨论和确认。

使用这些技术识别出来的缺陷在表 7.4 中进行了总结。表 7.4 中最后一列给出了检测这些缺陷常见的技术方法。采用本书提出的方法可以无损地检测出表中所有缺陷。

表 7.4　结果分析

观测对象	使用工具	常用方法
引脚上的残留物	扫描电子显微镜/X 射线	X 射线荧光法（XRF），光学显微法
打磨印记	扫描电子显微镜/能量色散谱	X 射线荧光法，光学显微法
喷涂/填补的凹孔	扫描电子显微镜/X 射线	激光切片法（LSM），光学轮廓测量法
表面起伏深度变化	扫描电子显微镜/X 射线	LSM，光学轮廓测量法
引脚镀层异常（Sn/Pb）	扫描电子显微镜/能量色散谱	X 射线荧光法
引脚基座有无暴露金属	扫描电子显微镜	X 射线荧光法，光学方法
引脚弯曲	扫描电子显微镜/X 射线	光学方法
引脚上有无金属屑/锡须	扫描电子显微镜	扫描电子显微法，光学显微法
晶片尺寸不同	X 射线	开封法，扫描声学显微法
引线框架不同	X 射线	开封法
键合模式变化	X 射线	开封法，扫描声学显微法
纯锡引脚表面无阻隔金属	扫描电子显微镜	X 射线荧光法，光学显微法
顶部涂黑（顶部或底部表面）	扫描电子显微镜/X 射线	破坏性液体测试法

7.6　总结

本章提出了两种新的成像方法，可作为检测伪元件缺陷的有力工具。截至目前，传统光学方法、数字和电子显微镜方法已被用来检测和表征伪集成电路。随着伪造技术的发展，一些缺陷变得越来越精细，难以用主流的检测技术实现有效鉴别。现有的大多数物理测试方法能够获取的待测元件信息有限（只能获取二维信息），并且测试结果需要领域专家来加以解释，这样可能会引入主观因素，导致结果产生矛盾。为了解决这些问题，本章提出了四维电子扫描显微成像和三维 X 射线显微成像技术。这两种技术都能实现无损检测，并且不需要置备任何样本。它们能够提供待测集成电路的材料成分信息及外部/内部缺陷细节，比传统二维成像检测技术具有更强的检测能力。此外，这些技术可在一次成像中获取到待测元件的全部信息，能够显著减少检测过程中消耗的时间和成本。本章还介绍了用于表面纹理分析的量化方法，有助于合理解释伪元件缺陷数据，如打磨会导致元件上材料和纹理出现不一致的情况。对集成电路封装上的表面起伏进行三维表征以及组成分析，可以更好地实现伪元件检测及满足进一步检测的需求。三维 X 射线分析可用来对集成电路内部特征和几何构造进行有效评估,是二维 X 射线技术不具有的功能。本章还给出了从伪元件中识别出来的特有缺陷,这些缺陷不会在正品样本("金片")中出现。当然,在检测过程中不一定需要"金片",因为大量样品的不一致特征即可用于伪元件检测。虽然这里提出的定量指标为自动化检测奠定了基础,但是还需经过更多努力来设计一个严格算法,支撑有效的自动化检测。下一步的工作应聚焦于设计此类算法,并改进本章中检测方法的质量。此外,还需要通过详细统计分析来验证检测结果的一致性。

参考文献

[1] S Kang, H Cho. A projection method for reconstructing x-ray images of arbitrary crosssection. NDT & E Int. 32(1), 9–20 (1999).

[2] S Brand, P Czurratis, P Hoffrogge, et al. Automated inspection and classification of flip-chip-contacts using scanning acoustic microscopy. Microelectron. Reliab. 50(9), 1469–1473 (2010).

[3] R Tilgner, P Alpern, J Baumann, et al. Changing states of delamination between molding compound and chip surface: a challenge for scanning acoustic microscopy. IEEE Trans. Compon. Packag. Manuf. Technol. Part B: Adv. Packag. 17(3), 442–448 (1994).

[4] C Boit. New physical techniques for ic functional analysis of on-chip devices and interconnects. Appl. Surf. Sci. 252(1), 18–23 (2005).

[5] M Cason, R Estrada. Application of x-ray microct for non-destructive failure analysis and package construction characterization, in 2011-18th IEEE International Symposium on the Physical and Failure Analysis of Integrated Circuits (IPFA), July 2011, pp. 1–6.

[6] T D Moore, D Vanderstraeten, P M Forssell. Three-dimensional x-ray laminography as atool for detection and characterization of bga package defects. IEEE Trans. Compon. Packag. Technol. 25(2), 224–229 (2002).

[7] U Guin, D DiMase, M Tehranipoor. Counterfeit integrated circuits: detection, avoidance, and the challenges ahead. J. Electron. Test. 30(1), 9–23 (2014).

[8] K Takahashi, H Terao, Y Tomita, et al. Current status of research and development for three-dimensional chip stack technology. Jpn. J. Appl. Phys. 40(4S), 3032 (2001).

[9] J Helmcke. Determination of the third dimension of objects by stereoscopy. Lab. Invest. J. Tech. Methods Pathol. 14, 933 (1965).

[10] A Boyde. Quantitative photogrammetric analysis and qualitative stereoscopic analysis of sem images. J. Microsc. 98(3), 452–471 (1973).

[11] A Boyde. Determination of the principal distance and the location of the perspective centre in low magnification sem photogrammetry. J. Microsc. 105(1), 97-105 (1975).

[12] G Piazzesi. Photogrammetry with the scanning electron microscope. J. Phys. E Sci. Instrum. 6 (4), 392 (1973).

[13] S Ghosh. Photogrammetric calibration of electron microscopes. Microsc. Acta 79(5), 419-426 (1977).

[14] M J Roberts, K J M Söderholm. Comparison of three techniques for measuring wear of dental restorations. Acta Odontol. 47(6), 367-374 (1989).

[15] W Hume, I Greaves. The stereophotomicroscope in clinical dentistry. Br. Dent. J. 154(9), 288-290 (1983).

[16] J Stampfl, S Scherer, M Gruber, et al. Reconstruction of surface topographies by scanning electron microscopy for application in fracture research. Appl. Phys. A 63(4), 341-346 (1996).

[17] M Ballerini, M Milani, M Costato, et al. Life science applications of focused ion beams (fib). Eur. J. Histochem. 41, 89-90 (1997).

[18] W Drzazga, J Paluszynski, W Slowko. Three-dimensional characterization of microstructures in a sem. Meas. Sci. Technol. 17(1), 28 (2006).

[19] W Beil, I Carlsen. Surface reconstruction from stereoscopy and shape from shading in sem images. Mach. Vis. Appl. 4(4), 271-285 (1991).

[20] F Marinello, P Bariani, E Savio, et al. Critical factors in sem 3d stereo microscopy. Meas. Sci. Technol. 19(6), 065705 (2008).

[21] D Samak, A Fischer, D Rittel. 3D reconstruction and visualization of microstructure surfaces from 2d images. CIRP Ann. Manuf. Technol. 56(1), 149-152 (2007).

[22] M Ritter. A Landmark-Based Method for the Geometrical 3D Calibration of Scanning. Microscopes. Universitätsbibliothek (2006).

[23] L Carli, G Genta, A Cantatore, et al. Uncertainty evaluation for three-dimensional scanning electron microscope reconstructions based on the stereo-pair technique. Meas. Sci. Technol. 22(3), 035103 (2011).

[24] T Everhart, R Thornley. Wide-band detector for micro-microampere low-energy electron currents. J. Sci. Instrum. 37(7), 246 (1960).

[25] O Kolednik. The characterization of local deformation and fracture properties-a tool for advanced materials design. Adv. Eng. Mater. 8(11), 1079-1083 (2006).

[26] A Tatschl, O Kolednik. A new tool for the experimental characterization of micro-plasticity. Mater. Sci. Eng. A 339(1), 265-280 (2003).

[27] Mex Software from Alicona Imaging GmbH, Graz, Austria.

[28] Olympus Soft Imaging Solutions GmbH, Muenster, Germany.

[29] 3D-TOPX from SAMxPlus, Trappes, France.

[30] R D Bonetto, J L Ladaga, E Ponz. Measuring surface topography by scanning electron microscopy. II. Analysis of three estimators of surface roughness in second dimension and third dimension. Microsc. Microanal. 12(2), 178-186 (2006).

[31] J I Goldstein, D E Newbury, P Echlin, et al. Scanning Electron Microscopy and X-ray Microanalysis. A Text for Biologists, Materials Scientists, and Geologists (Plenum, New York, 1981).

[32] S Shahbazmohamadi, E H Jordan. Optimizing an sem-based 3d surface imaging technique for recording bond coat surface geometry in thermal barrier coatings. Meas. Sci. Technol. 23(12), 125601 (2012).

[33] M Cason, R Estrada. Application of x-ray microct for non-destructive failure analysis and package construction characterization, in 2011 18th IEEE International Symposium on the Physical and Failure Analysis of Integrated Circuits (IPFA), July 2011, pp. 1-6.

[34] W Dong, P Sullivan, K Stout. Comprehensive study of parameters for characterizing threedimensional surface topography I: some inherent properties of parameter variation. Wear 159 (2), 161-171 (1992).

[35] W Dong, P Sullivan, K Stout. Comprehensive study of parameters for characterizing threedimensional surface topography II: statistical properties of parameter variation. Wear 167(1), 9-21 (1993).

[36] W Dong, P Sullivan, K Stout. Comprehensive study of parameters for characterizing 3-D surface topography III: parameters for amplitude and some functional properties. Wear 178 (1-2), 29-43 (1994).

[37] W Dong, P Sullivan, K Stout. Comprehensive study of parameters for characterizing 3-D surface topography IV: parameters for characterizing spatial and hybrid properties. Wear 178 (1-2), 45-60 (1994).

[38] SAE. Test methods standard: counterfeit electronic parts. Work in Progress, http://standards.sae.org/wip/as6171/.

第 8 章
高级电气测试

传统伪元件检测方法存在检测时间过长、检测成本过高等问题。物理测试（第 4 章）需要昂贵的设备，而且由于其具有破坏性，不能适用于所有芯片。另外，电子测试（第 5 章）需要为实际中可能遇到的所有特有类型集成电路（数字、模拟、混合信号、存储器、处理器、FPGA 等）准备不同的测试配置。此外，针对过时和在产集成电路的测试程序生成仍存在重大缺陷。为了将功能测试模式应用于不同的集成电路，需要昂贵的自动测试设备（ATE）。从 OCM 那里几乎不可能得到一套完整的测试向量来测试一个过时的元件。

本章将介绍两种面向不同类型集成电路（FPGA 和 ASIC）回收的高级电子检测。此处，"高级"一词是指这些测试专门面向回收类型的伪元件进行检测，而非测试自身非常复杂。

FPGA 在伪元件中排名前五，随着 FPGA 在电子行业中市场份额的增长，伪 FPGA 的份额预计也将增加[1]。对于 FPGA，本章将介绍一种两阶段检测方法，该方法使用单分类支持向量机（SVM）将新 FPGA 从回收 FPGA 中分离出来[2]。为了检测回收的 ASIC，本章将介绍路径延迟分析[3]，路径延迟信息可在制造测试过程中进行测量。实现这一过程不需要对当前成熟的设计和测试流程进行任何更改，采用主成分分析（PCA）即可获取数据统计结果，以识别回收集成电路。最后，本章总结了早期失效率（EFR）分析，以便使用单分类支持向量机检测回收的集成电路。

8.1 回收 FPGA 的两阶段检测方法

虽然目前已提出了一些回收集成电路的检测方法，但截至目前还没有针对回收 FPGA 检测的具体工作。本节将描述回收 FPGA 由于硅老化而产生的缺陷，这些缺陷可通过高级电子测试来检测。首先描述老化对 FPGA 的影响及其对检测的影响；然后介绍一种利用回收 FPGA 老化特性的两阶段检测方法。

8.1.1 老化和回收的 FPGA

FPGA 老化有两个显著的特点：①FPGA 逻辑性能下降；②FPGA 老化速度随着时间的推移而降低。实际上，所有的 CMOS 集成电路都有相同的老化效应，但由于 FPGA 具备可重复编程的特点，使其更有利于研究老化的影响。换句话说，在测量或检测时，不需要向 FPGA 中添加额外的电路。

1. 老化对 FPGA 逻辑性能的影响

众所周知，由于 NBTI 和 HCI（参见 3.5 节）对晶体管阈值电压的影响，会显著影响 CMOS 器件的性能。尽管 FPGA 的结构不同于 ASIC，但老化对 FPGA 也有类似的影响，FPGA 查找表（LUT）在其生命周期中也表现出显著的性能退化[4-6]。在文献 [6] 中，作者研究了 FPGA 老化对基于环形振荡器（RO）的物理不可克隆函数（PUF）的影响。高温高压下使用 400h 后，老化对基于查找表的环形振荡器的影响为 6.7%。这种特性为区分新旧 CMOS 器件提供了一种方法。

2. 老化速度变慢

可以观察到另一个现象，CMOS 晶体管的退化速度随着老化加长而变慢。换句话说，芯片越新，退化越快。随着使用时间的推移，退化变慢。在文献 [6] 中，作者研究了 RO 在高温高压下老化 200h 和 400h 后的退化情况。结果表明，第二次老化 200h 后的退化率（1.6%）远低于第一次老化 200h 后的退化率（5.1%）。这说明在现场使用一段时间后，老化速度有所下降。

在文献 [2] 中，用两个新 FPGA 进行了一项实验，以证明即使存在少量老化（先前使用）情况，老化速度也会变慢。在实验中，224 个 RO 放置在两个 FPGA 上。在应力条件为 125℃ 和 1.8V（标称为 1.2V）的条件下，对这两个 FPGA 进行两次连续的老化循环，每个老化循环持续 3h，并采用温度热流器件 TP04100A[7] 加速老化。每次老化前后，在标称条件下测定 RO 的频率。然后利用下式计算退化率。

$$\Delta f_i = 100 \times \left(\frac{f_{i,1} - f_{i,2}}{f_{i,1}} \right) \tag{8.1}$$

式中：Δf_i 为 i_{th}RO 的退化率百分比，$f_{i,1}$ 和 $f_{i,2}$ 分别为老化前和老化后的频率。然后，将 FPGA 闲置一周，以便在第二个老化周期开始之前恢复。这样就可以观察到元件退化速度的真正下降。经过一周的等待，FPGA 元件出现了平均

0.257%的退化恢复。这样，执行第二个老化循环时，就可以看到第二个循环的实际退化率。

图 8.1 显示了两个 FPGA 的 RO 在第一个和第二个老化周期内的退化率分布情况。x 轴表示使用过或新的 FPGA 的退化率百分比，y 轴表示 FPGA 中已退化的 RO 的频数。图 8.1 中清楚地表明，元件在第一个退化周期的退化率比第二个老化周期的老化率更大。

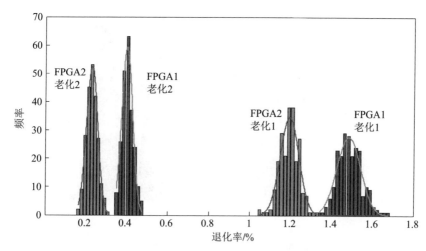

图 8.1 第一个和第二个老化周期内的退化率分布情况

经过 3h 的老化后，平均退化速度下降了 3.5 倍，由此可推断新旧 FPGA 的退化速度显著不同。这些结果表明，当 FPGA LUT 使用一段时间后，LUT 的退化速度会降低，因此可以利用这一特性来检测使用过的（回收的）FPGA。

尽管如此，由于相同的 LUT 是连续老化的，在第二次老化中观察到非常低的退化率是存疑的。因此，为了证明使用过和未使用过的 FPGA 退化速度存在差异，采用实际使用过的 FPGA 进行了另一项实验，以显示新旧 FPGA 之间退化率差异（使用过的 FPGA 退化速度降低）。通过对实验结果进行分析，来说明新旧 FPGA 的以下两个不同特点。

（1）当施加相同的应力条件时，使用过的 FPGA 具有较低的退化率，符合预期。图 8.1 显示了此种效果。然而，这一结果可能有偏差，因为两个老化周期都应用于同一 FPGA 的同一 LUT。因此，需要进行另一个实验，将相同的应力条件应用到实际使用的 FPGA 上，以将其结果与上述结果比较。接下来对两个使用过的 FPGA 进行了另一项实验，这两个 FPGA 烧写 s9234 基准程序并进行加速老化。在应力条件为 125℃ 和 1.8V 的条件下，FPGA 1 仅运行 10h，而另一个 FPGA 运行 50h。图 8.2 显示了新旧 FPGA 的退化分布情况。可以从直方图中观察到,即使 RO 没有使用完全相同的 LUT,新 FPGA 仍然比使用过的 FPGA 产生更多的退化。

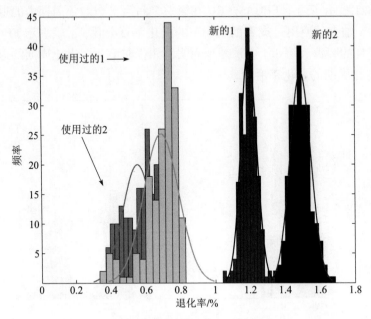

图 8.2 新旧 FPGA 的退化分布情况

(2) 当施加相同应力条件时,放置在 FPGA 不同 LUT 上的 RO 退化分布的差异增加。从图 8.2 中可以看出,与使用过的 FPGA 退化分布相比,新 FPGA 的分布差异更小。这是因为不同 RO 之间的退化差异仅由工艺变化和一些环境差异(如电源电压和温度变化)引起。使用过的 FPGA,已经在特定应力下工作了一定时间,其某些因子(阈值电压变化、漏电流变化等)可能影响新应力条件下的退化率。另一个因素是,使用过的 FPGA 中并非所有电路都进行过相同的工作负载。因为 FPGA 的某些电路可能进行过大量翻转,而其他部分或区域只有少量翻转。由于热载流子注入(HCI)效应,翻转活动越多的逻辑部件就越老化。将加速老化应用于 FPGA 时,翻转越多的 LUT 老化越少,正是由于此前这些元件已经老化了。由此引起旧 FPGA 的退化分布差异增大。RO 退化速度增大的另一个原因是,在 FPGA 设计中没有利用所有的逻辑资源。尽管逻辑资源通常具有较高的利用率,但仍会有一些资源未被利用[5,8]。与翻转活动效应类似,新 LUT 会增加 FPGA 退化分布的方差。图 8.2 显示了使用过的 FPGA 具有更高的方差。

8.1.2 回收 FPGA 的两阶段检测流程

本节将讨论一个简单的框架，该框架利用了回收 FPGA 中存在的上述老化特性。图 8.3 说明了文献［2］中回收 FPGA 检测的流程。该检测方法分为两个阶段：第一阶段利用前文所述的旧 FPGA 性能下降特点；第二阶段利用前文所述的旧 FPGA 退化速度下降特点。两个阶段均假设存在新的"金片"。利用从这些新 FPGA 得到的信息，训练出单分类 SVM 分类器。每个阶段的单分类支持向量机和检测方法将在下面进行简要说明。

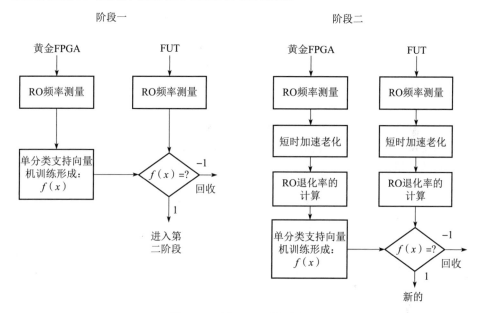

图 8.3　回收 FPGA 检测流程

1. 单分类支持向量机

SVM 通常用于解决二分类问题，即利用训练数据集中两类对象的样本特征数据对 SVM 进行训练。对于给定的数据集，SVM 构建一个决策函数，该函数以未知对象的特征向量作为输入，并输出其预测分类。使用经典的 SVM，两类对象都需要有对应数据。在某些应用中，这些数据未必可用。例如，本章讨论的例子中，新 FPGA 的频率分布和退化可作为第一种分类类别，但是缺少第二种分类类别，因为缺少给定设备的先验知识（检测的回收 FPGA 可能会因不同工作负载或不同运行时间而形成不同老化效果）。针对该问题，可设计出单分类算法。

单分类支持向量机由 Scholkopf 等在文献［4］中首次提出。单分类支持向量机创建了一个函数 f，该函数使用训练样本形成，函数值在一个较小区间内取值+1，而在其他区间取值-1。单分类支持向量机中，通常使用核函数将数据点映射到特征空间 H，然后使用最优超平面将特征向量从原集合中分离出来。该函数可以表示为

$$f(x)=\begin{cases}+1, & \text{如果 } x \in H \\ -1, & \text{如果 } x \in \overline{H}\end{cases} \tag{8.2}$$

式中：x 为特征向量；H 为特征空间。设训练数据集为 $X=[x_1, \cdots, x_n]$，其中 $x_1, \cdots, x_n$ 为特征向量，X 为训练样本总数。Φ 为特征映射 $X \to H$，利用核函数将训练样本点转换到另一个空间。然后，需要将特征数据点从原集合中分离出来，因此需要求解下面的二次方程式。

$$\min_{w,\phi,\xi_i} \frac{1}{2}\|w\|^2 + \frac{1}{vm}\sum_{i=1}^{m}\xi_i - \rho \tag{8.3}$$

式（8.3）约束条件为 $(w \cdot \Phi(x_i)) \geq \rho - \xi_i$，$i=1, 2, \cdots, m$，$\xi_i \geq 0$，其中 ξ_i 是松弛变量，v 用于对解空间进行特征化。此处，通过对训练样本设置上界，以找出其离群点，并设置支持向量的数量下界。

利用拉格朗日乘子和核函数计算点积，得到如下决策函数。

$$f(x) = \text{sgn}(w \cdot \Phi(x_i) - \rho) = \text{sgn}\left(\sum_{i=1}^{m}\alpha_i K(x,x_i) - \rho\right) \tag{8.4}$$

其中，α_i 是第 i 个拉格朗日乘子，ρ 和 w 被用来创建一个超平面，可将所有数据点与原点集分离。

SVM 算法可使用不同的核函数，如线性核函数、多项式核函数和径向基（RBF）核函数。本 SVM 算法中，使用以下径向基核函数：

$$K(x,x_i) = \exp(-\gamma|x-x_i|^2\gamma) \tag{8.5}$$

在式（8.5）中，参数 γ 定义了训练单个样本可能产生的特征数据点离原有数据点距离远近的影响。当 γ 值较小时，径向基核函数产生一个较宽的边界，包含较多的训练样本。反过来，如果 γ 值较大，那么径向基核函数产生的边界所包含的训练样本较少。

2. 第一阶段

图 8.3（左）给出了回收 FPGA 检测方法的第一阶段。第一阶段用于易于检测的回收 FPGA，不考虑老化 FPGA。第一阶段检测比较直接、快速，成本较低。完成这一阶段的检测，主要是利用了旧 FPGA 性能会随着时间的推移而下降这一原理。该阶段包括测量 RO 频率以获得新 FPGA（金片）的性能分布，并使用金片数据通过单分类支持向量机对被测 FPGA 进行测试。这一阶段首先放置 n 个 RO，并测量 m 个金片的频率；然后利用 RO 频率对单分类支持

向量机进行训练,建立决策函数。使用的训练数据用以下公式表示:

$$\begin{cases} \boldsymbol{F} = [f_1, f_2, \cdots, f_m] \\ \boldsymbol{f}_i = [f_1, f_2, \cdots, f_n] \end{cases} \quad (8.6)$$

式中:$\boldsymbol{F}$ 为总训练数据集;f_1, f_2, $\cdots$, f_m 为 m 个 FPGA 的特征向量。$\boldsymbol{F}$ 中的每个特征向量包括 n 个 RO 频率作为特征。在新、旧 FPGA 的特征向量中,频率的频率模型是不同的。对于新 FPGA,f_i 每个频率信息包含以下 3 个分量:f_{nom}、$f_{intra,i,j}$ 和 $f_{inter,i}$,其中 f_{nom} 是每个 FPGA 中每个 RO 的标准频率,$f_{inter,i}$ 和 $f_{intra,i,j}$ 是由工艺偏差所引起的片间和片内偏差。这些分量之和构成 RO 的频率信息。对于旧 FPGA,还有一个影响 RO 频率的因素,那就是老化效应 $\Delta f_{aging,i,j}$。由于元件使用过,将产生老化效应,因此降低旧 FPGA 中 RO 的频率。

在给定的训练数据集上,对单分类支持向量机进行训练,形成决策边界对待测 FPGA 进行分类。第一阶段可以检测到一些总体上显著老化的待测 FPGA。但一些轻微老化的 FPGA 在第一阶段可能无法检测到。这些不同的情况如图 8.4 所示。在图 8.4 中,点表示 FPGA 使用前的频率,箭头表示 FPGA 使用后的频率变化。基本上,只有那些 RO 超过阈值(由单分类支持向量机决策边界确定)的待测 FPGA 才能在第一阶段检测到。图 8.4 中所示的情况总结如下。

(1) 慢速工艺角的 FPGA。如果新 FPGA 具有较低的 RO 频率(慢 FPGA),其在短时间内使用后,会超出"金片"RO 的分布。这样的 FPGA 很容易在第一阶段检测到。

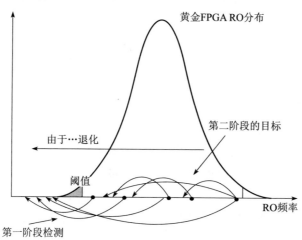

图 8.4 第一阶段和第二阶段检测区域

（2）典型工艺角的 FPGA。如果 FPGA 的 RO 频率位于"金片"RO 分布的中心区域，那么在第一阶段检测需要更多的使用时间。

（3）快速工艺角的 FPGA。如果新 FPGA 的 RO 频率在频率分布的高速端（快 FPGA），那么在第一阶段检测需要更多的老化。

对于典型工艺角和快速工艺角的 FPGA，若第一阶段没有充分老化（保持在由单分类支持向量机确定的阈值/边界之上），需要通过第二阶段区分。第二阶段测试不像第一阶段那样依赖于芯片原始频率，而是利用新 FPGA 和回收 FPGA 之间退化速度的差异。第二阶段不依赖于 FPGA 的频率，因此应该能够检测出第一阶段没有覆盖的情况（如图 8.4 中的黑色箭头所示）。

实验结果表明，第一阶段对整体偏离的离群点检测有效，并且得到实验证实。利用上述 20 个新 FPGA 的训练样本，通过单分类 SVM 构造一个决策函数。每个 FPGA 采用 224 个 RO 频率作为特征向量。在此阶段，为了获得更好的结果需要大量的金片样本，此时使用 224 个 RO 频率作为特征向量在训练方面需要很多时间。因此，采用主成分分析（PCA）将特征向量（224 个特征维度）维度降到 13（根据 Kaiser 的主成分选择原则[9]）。SVM 的输入为表 8.1 所示的 20 个测试数据。对 16 个 FPGA 进行加速老化，其中 4 个 FPGA 运行时间为 50h，8 个 FPGA 运行时间为 10h，4 个 FPGA 运行时间为 6h。SVM 对 4 个新 FPGA 实现了正确的分类，并将 4 个 FPGA 分类为回收 FPGA。检测出来的 4 个 FPGA 使用时间为 10h。其原因正如前文所述，如图 8.4 所示，这些 FPGA 具有较低的 RO 频率，而且其可在较短的使用时间内超出"金片"RO 分布。如结果所示，如果训练样本集足够大，能够覆盖尽可能多的新 FPGA 数据，那么此阶段可以实现有效检测。

表 8.1 待测 FPGA 使用情况

使用时间	50h	10h	6h	全新
待测 FPGA	4	8	4	4

3. 第二阶段

两个阶段检测方法的第二阶段过程如图 8.3（右侧）所示。该阶段从分析 m 个新 FPGA 开始，涉及金片（已知为新）的老化和未知的待测 FPGA，根据退化速度来区分它们。

（1）在新 FPGA 上放置 n 个 RO，并在受控环境下（在标称电压 Vdd_{nom} 和温度 T_{nom} 下）测量初始频率。

（2）对新 FPGA 加速老化。在 Δt 时间内对 FPGA 施加高压 Vdd_{ref} 和高温

T_{ref} 条件，并同时运行 n 个 RO（注意，也可在 FPGA 上实现任何其他电路），以此来实现老化。FPGA 老化后，在芯片要求的标称条件下重新测量 n 个 RO 频率，并使用方程（8.1）计算其退化率。使用 m 个金片样本的 n 个 RO 对单分类 SVM 分类器进行训练。训练数据为

$$x_i = [\Delta f_1, \Delta f_2, \cdots, \Delta f_n] \tag{8.7}$$

式中：x_i 为第 i_{th} 个 FPGA，并使用 n 个 RO 的退化率作为其特征。由此，总训练集可以表示为

$$X = [x_1, x_2, \cdots, x_m] \tag{8.8}$$

式中：m 为训练样本总数。根据文献［2］中的实验结果，如果 FPGA 的使用时间足够长，那么新、旧 FPGA 的退化率即使有重叠也很小，因此不需要太多的训练样本。

（3）重复初始测量、老化、二次测量和计算退化率这些步骤，以获得每个待测 FPGA 的 n 个特征。

（4）基于训练数据生成 SVM 分类器 $f(x)$，并将每个待测 FPGA 分类为新品或回收品。

图 8.5 显示了 20 个金片和 20 个待测 FPGA 数据（与表 8.1 所示的待测 FPGA 相同）在单分类支持向量机上的训练结果和测试结果。"▷"标记的样本为测试数据，"圆圈"标记的样本为训练数据。表 8.1 给出了 20 个待测 FPGA 数据，其中包含 4 个新 FPGA 数据，以验证该方法的有效性。另外 16 个待测 FPGA 数据，来源于运行 s9234 基准的 FPGA 在高温高压条件下工作 6、10 和 50h 的数据。图 8.5 清晰地表明，单分类 SVM 能够正确地对新 FPGA 进行

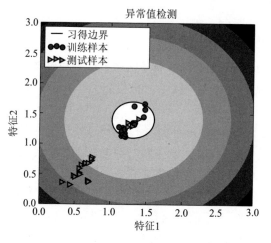

图 8.5 20 个金片和 20 个待测 FPGA 数据在单分类支持向量机上的训练结果和测试结果

分类。剩余16个使用过的FPGA被检测为离群点，尽管其中一些样本使用了电路规模很小的基准，且只进行了6小时的老化。这些结果表明，利用退化率和单分类SVM来区分回收FPGA是有效的。

注意，第二阶段检测的缺点是待测FPGA会产生老化，从而影响待测FPGA的检测。上述20种新FPGA在加速老化3h后的平均性能退化率为1.283%[2]，可通过减少老化时间来降低这一缺陷的影响。此外，不需要将第二阶段检测应用于每个待测FPGA，而是分批次地对待测FPGA进行随机检测。如果一个批次中任意元件以高置信度归类为回收类型，那么舍弃该批次元件。

8.2 路径-延迟分析

文献[3]提出的路径延迟指纹用于筛选回收集成电路，并且不需要在设计中添加额外硬件。由于这些回收集成电路已经使用过，其性能必然因老化影响而退化。鉴于工艺偏差的影响，路径延迟分布应在给定的范围内。新集成电路的指纹可在生产测试过程中生成，并存储在安全的数据库中。由于负/正偏压温度不稳定性（NBTI/PBTI）和热载流子注入（HCI）的影响，回收集成电路的路径延迟将变得更大。路径延迟越大，表明该芯片使用了很长一段时间的概率越高。在路径延迟指纹方法中，利用统计数据分析方法对回收集成电路（老化导致的延迟变化）和新集成电路（工艺变化导致的延迟变化）进行分类。由于路径延迟信息是在制造测试过程中测量得到的，因此该技术不需要额外的硬件电路，尤其是不需要对当前成熟的设计和测试流程进行任何更改。

8.2.1 老化对路径延迟的影响

随着时间的推移，老化会导致设备参数发生不可恢复的变化。如3.5节所述，NBTI和HCI是引起这些参数变化的两个主要诱因。NBTI提高了PMOS阈值电压的绝对值，从而增加了门延时[10-11]。HCI发生在NMOS器件中，这是由于HCI在翻转过程中漏极端口附近的Si/SiO_2界面电荷被捕获而导致不可恢复的V_{th}退化[10,12]。由于回收集成电路已经老化，其路径延迟将会增加。

图8.6显示了ISCAS'89 s38417基准电路随机选择关键路径的延迟退化情况，其运行随机负载（对初级输入应用随机函数模式）。室温下，利用NBTI和HCI效应对路径进行4年的老化模拟。从图8.6（a）中观察到，使用1年的路径退化率约为10%，而如果使用4年，那么退化率约为17%，这表明大部分老化发生在电路的早期使用阶段。图8.6（b）显示了老化2年后不同链路

（包括 INVX1、INVX32 和 NOR、NOR 和 XOR 门）的延迟退化情况。不同链路的老化率略有不同，主要取决于门结构。XOR 门链路具有最高的退化速度，有助于选择用于指纹识别的路径。

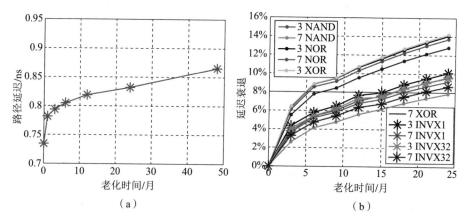

图 8.6 老化导致的路径延迟退化[3]
（a）任意路径的延迟；（b）不同门链路的延迟退化。

8.2.2 路径延迟指纹识别

图 8.7 显示了使用路径延迟指纹和统计分析来识别回收集成电路的流程，包括 3 个主要步骤。

（1）路径选择：该阶段选择路径来生成指纹。电路中存在大量的关键路径和较长的路径，选择其中具有较高退化率的路径。通常根据两个标准选择路径：①具有大量 XOR 的路径和②在随机工作负载中，有更多输入为"0"门的路径。倾向于使用退化率较高的路径来生成指纹。

（2）硅测量：使用时钟扫描技术（参见 8.2.3 节）。在生产测试期间或在大量新集成电路的验证过程中，测量路径延迟信息。这一阶段测量相同路径的延迟，待认证电路（CUA）芯片的延迟信息在生产测试中进行注册。测量环境应进行适当控制，以保持温度的稳定，因为其会对路径延迟产生很大影响。

（3）鉴别：完成所有新集成电路中的路径延迟测量后，使用数据统计分析生成指纹。可以使用两种数据统计分析方法：简单离群分析（SOA）或主成分分析（PCA）。如果 CUA 位于新集成电路的凸面（凸包）之外，那么 CUA 为回收的可能性很大。

有关上述步骤的其他详细信息将在以下各节中讨论。

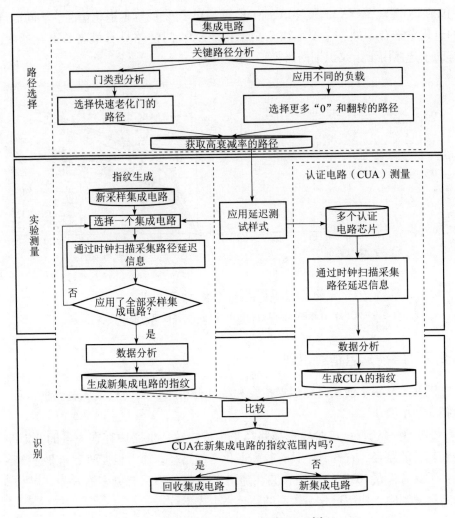

图 8.7 识别回收集成电路的流程[3]

8.2.3 时钟扫描

文献[13]中引入了时钟扫描技术来识别回收集成电路。该技术无须任何面积开销,因其利用了通用设计或测试流程。它使用路径延迟信息来创建唯一的二进制标识符。这一技术相较于现有技术具有一定的先进性,主要体现在以下几方面。

(1) 这项技术可以应用于已经在供应链中的芯片,包括采用传统设计的芯片。
(2) 可以使用通过现有模式集和测试硬件获得的数据。

(3) 不需要额外的硬件（这项技术无须面积、功率或时序开销）。

时钟扫描是将模式多次应用于具有不同频率的路径，直至路径无法传播其信号频率的过程，通常是为了速度绑定的目的。通过观察路径能不能传播其信号的频率，可以在一定程度上精确地测量路径的延迟。对一条路径执行时钟扫描的能力，受限于对控制存储部件（触发器）捕获的时钟的控制程度、对路径的激发程度、路径的长度等方面的影响。

图 8.8 显示了在多条路径上执行时钟扫描的可视化示例。假设路径 P1~P8 是以捕获触发器为终点的路径，其延迟为纳秒级。这 8 条路径中的每条都可以在频率 f_1~f_5 上进行扫描（测试）。所有路径都能够在 f_1 频率上传播信号，因为这是集成电路设计的额定频率。但在 f_2 频率上，路径 P3 通常不能传播信号。在频率 f_3 处，路径 P3 始终不能传播信号。本示例中，路径 P8 将成功地在 5 个时钟频率上传播信号，但该路径太短，无法使用时钟扫描进行测试。所有的路径都有一定数量的频率会通过，有些可能会失败，有些则肯定会失败。工艺变化会改变不同芯片上每条路径失败的频率。

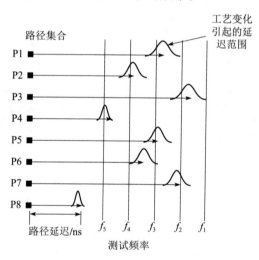

图 8.8 时钟扫描的可视化示例[13]

8.2.4 数据分析

收集到的数据维度很高，即使只收集一小部分长路径或关键路径数据，维度仍高达数百。因此，有必要降低数据维度以创建指纹。主成分分析（PCA）是一种常用的多元分析方法，常用来降低大数据的维度[14]。主成分分析使用正交变换将一组线性相关变量转换为一组更小的线性无关变量。这些数量较少的无关变量称为主成分。进行数据分析时使用内置的 MATLAB 函数来计算主成分分量[15]。由于本书的篇幅限制，不再详细描述 PCA。感兴趣的读者可以在文献［14］中找到更多有关 PCA 的信息。

计算元件主成分后，绘制了一个三维凸包来直观地显示指纹。凸包表示 n 维空间中包含一组点的最小凸域。绘图时使用 MATLAB 内置函数的三维凸包图函数[16]。

8.2.5 结果

图 8.9 显示了集成电路的主成分分析结果，芯片间和芯片内的 v_{th}、L、T_{ox} 变化分别为 8%、8%、2% 和 7%、7%、2%。老化 6 个月的回收集成电路，其检出率为 99.3%。老化一年的回收集成电路，其检出率为 100%。图 8.9（a）、(b) 分别显示了老化 6 个月和一年的新集成电路指纹（凸包）和回收的集成电路指纹。这说明使用较长时间的回收集成电路更容易被检测。当集成电路使用时间较短时，检出率显著降低。例如，当集成电路仅使用一个月时，该比率降低到 72.7%。

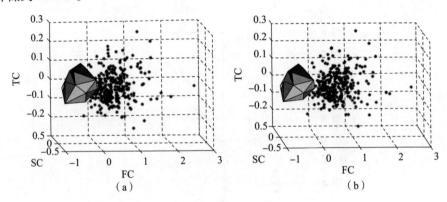

图 8.9　集成电路主成分分析结果[3]

(a) 老化 6 个月的集成电路 PCA 结果；(b) 老化一年的集成电路 PCA 结果。

8.3　早期失效率分析

另一种方法是使用支持向量机（SVM），该方法于文献［17］中提出，用于检测回收集成电路。作者利用新集成电路的参数测量值训练了单分类支持向量机，该支持向量机模型的效率由集成电路通过产品可靠性运行寿命实验加以验证。由于大多数集成电路需要通过高温和高电压老化测试做一个早期失效率

(EFR)分析，因此收集数据不需要额外的成本，也可减少现场的故障数量。该模型的工作原理为：首先从可信制造商处收集初始参数测量数据（如 V_{min}、F_{max} 和 I_{ddq}），以训练单分类分类器；然后对有标签的集成电路执行相同的参数测量，并将其提交给分类模型，从而分类出属于回收类型的集成电路。

8.4 总结

本章讨论了几种检测回收集成电路的技术。利用 FPGA 性能老化和退化速度慢的特点，提出了一种有效的 FPGA 循环检测方法。该方法分为两个阶段，两个阶段都依赖于机器学习算法 SVM，以对目标进行分类。对 Xilinx FPGA 进行的实验结果表明，该方法第二阶段检测已用过的 FPGA 非常有效，但需要对 FPGA 进行短时间的加速老化。第一阶段证明在不需要加速老化的情况下能有效地识别出偏离度高的离群点，该阶段成本低且易于实施。本章还描述了路径-延迟分析，以检测回收的专用集成电路（ASIC）。该技术使用主成分分析作为数据统计分析工具，将回收的集成电路与正品集成电路进行分类。该技术的内在优点是不需要对已建立的设计和测试流程进行任何修改。

这些技术要取得成功还需克服一些挑战和限制。利用老化参数的表征差异来检测回收集成电路，就要求收集和测量新的正品电路"金片"参数。该条件无法满足，就无法完成预期检测。此外，技术含量较低芯片工艺变化较大，当工艺变化影响超过芯片老化的退化表征时，很难将回收集成电路从正品集成电路中鉴别出来。为了克服这些限制，将在后续章节中介绍一些防伪设计方法，以便有效检测和防范伪集成电路。

参考文献

[1] IHS iSuppli. Top 5 Most Counterfeited Parts Represent a ＄169 Billion Potential Challenge for Global Semiconductor Market (2011).

[2] H Dogan, D Forte, M Tehranipoor. Aging analysis for recycled fpga detection, in 2014 IEEE International Symposium on Defect and Fault Tolerance in VLSI and Nanotechnology Systems (DFT) (IEEE, 2014), pp. 171-176.

[3] X Zhang, K Xiao, M Tehranipoor. Path-delay fingerprinting for identification of recovered ics, in Proc. International Symposium on Fault and Defect Tolerance in VLSI Systems,

October 2012.

[4] B Schölkopf, J S T R C Williamson, A J Smola, et al. Support vector method for novelty detection. NIPS 12, 582-588 (1999).

[5] S Srinivasan, P Mangalagiri, Y Xie, et al. Flaw: FPGA lifetime awareness, in Proceedings of the 43rd annual Design Automation Conference (ACM, 2006), pp. 630-635.

[6] A Maiti, L McDougal, P Schaumont. The impact of aging on an FPGA-based physical unclonable function, in 2011 International Conference on Field Programmable Logic and Applications (FPL) (IEEE, 2011), pp. 151-156.

[7] Temptronic Thermo Stream: TP04100A [Online], Available: http://www.artisantg.com/info/temptronic_tp04100a_thermostream_applica-tion_manual.pdf.

[8] T Tuan, B Lai. Leakage power analysis of a 90nm fpga, in Proceedings of the IEEE 2003 Custom Integrated Circuits Conference, 2003 (IEEE, 2003), pp. 57-60.

[9] H F Kaiser. The application of electronic computers to factor analysis. Educ. Psychol. Meas. 20, 141-151 (1960).

[10] S Mahapatra, D Saha, D Varghese, et al. On the generation and recovery of interface traps in MOSFETs subjected to NBTI, FN, and HCI stress IEEE Trans. Electron Dev. 53(7), 1583-1592 (2006) 174 8 Advanced Detection: Electrical Tests.

[11] K Uwasawa, T Yamamoto, T Mogami. A new degradation mode of scaled p+ polysilicon gate pMOSFETs induced by bias temperature (BT) instability, in International Electron Devices Meeting, 1995 (IEDM'95), Dec 1995, pp. 871-874.

[12] P Heremans, R Bellens, G Groeseneken, et al. Consistent model for the hot-carrier degradation in n-channel and p-channel MOSFETs. IEEE Trans. Electron Dev. 35(12), 2194-2209 (1988).

[13] N Tuzzio, K Xiao, X Zhang, et al. A zero-overhead IC identification technique using clock sweeping and path delay analysis, in Proceedings of the Great Lakes Symposium on VLSI, ser. GLSVLSI'12 (ACM, New York, 2012), pp. 95-98. [Online], Available: http://doi.acm.org/10.1145/2206781.2206806.

[14] S Wold, K Esbensen, P Geladi. Principal component analysis. Chemom. Intell. Lab. Syst. 2 (1), 37-52 (1987).

[15] MathWorks. Principal component analysis of raw data, http://www.mathworks.com/help/stats/pca.html.

[16] MathWorks. Convex Hulls, http://www.mathworks.com/help/matlab/math/convex-hulls.html#bsp2xgl.

[17] K Huang, J Carulli, Y Makris. Parametric counterfeit IC detection via support vector machines, in Proc. International Symposium on Fault and Defect Tolerance in VLSI Systems (2012), pp. 7-12.

第 9 章
回收晶片与集成电路的防范

在当今的电子元件供应链中，回收以及重标记类型在假冒元件中占有极大的比例。由于缺乏高效、可靠、低成本的检测和防范技术，在电子元件供应链全球化的背景下检测这些伪元件是极具挑战性的。标准［1-3］中定义的电气测试和物理测试被用于识别假冒的 IC（集成电路），但这些方法通常测试时间过长、成本过高或可信度低[4-8]。本章将讨论低成本集成到新元件且可用于快速检测回收 IC 的替代措施，并且可以快速检测出回收 IC。这些防止假冒元件的措施作为设计方法的一部分，被称为防伪设计（design-for-anticounterfeit，DFAC）措施。

第 8 章中提出的一些方法可用于检测回收 IC。当路径延迟分布发生变化时，根据路径延迟指纹可以将使用过的元件与其正品区分开来[9]（如第 8 章所述）。然而，该技术存在若干缺点，其一是它必须获取正品 IC 的数据，并且该技术难以被应用于模拟/射频/混合信号设备中。文献［10］中提出通过测量电气参数并使用单分类支持向量机（SVM）来区分回收 IC。该技术与路径延迟指纹一样需要大量正品样本用于支持向量机的训练，而供应链中有数千种不同类型的元件，难以获取数量庞大的正品样本，因此该方法在实用中存在一定局限。需要开发一种不同于现有的昂贵测试方法，并且无须正品 IC 也能轻易实现检测的新型防伪结构。

用于防范回收和标记伪元件的防伪设计技术如图 9.1 所示。图 9.1 中 x 轴和 y 轴分别代表伪造类型和元件类型。按照假冒元件在供应链中出现频率由低到高排列，并从上至下排列至 y 轴[11]。

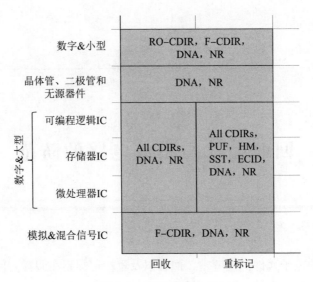

图 9.1 防伪设计技术

每个 IC 使用唯一的 ID 进行标记,以实现在整个供应链中对其跟踪。在芯片的使用寿命期间,可以轻松读取该电子芯片 ID(ECID)。将唯一的 ID 写入不可编程存储器〔例如,一次性可编程(one-time programmable)、只读存储器(ROM)等〕的传统方法需要进行生产后外部编程〔例如,激光熔丝[12]或电熔丝(eFuse)[13]〕。电熔丝存储器的面积小且可扩展性好,比激光熔丝更受欢迎[13]。同 ECID 一样,硅 PUF 作为 IC 识别、认证以及芯片密钥生成的新方法,已经受到硬件安全和密码学界的广泛关注[14-18]。硅 PUF 利用了现代集成电路中无法控制且不可预测的固有物理变化(工艺偏差),可用于 IC 识别和认证[19-20]。这些扰动有助于为每个 IC 生成质询-响应式的独特签名,从而确认正品 IC 的身份。

与 PUF 类似,HM(硬件计量)也可用于检测重标记 IC。这些计量方法可以是主动的,也可以是被动的。被动计量方法采用质询-响应对来唯一识别和注册 IC。随后检查从市场上获取的可疑 IC 是否已被合法注册[15,17,21-24]。而主动计量方法会锁定每个 IC,直到 IP 所有者将其解锁[20,25-29]。有多种锁定方式:①通电时将 IC 初始化为锁定状态[20];②采用组合锁,如在整个设计中随机插入 XOR(异或)门[27-29];③增加一个初始锁定的 FSM(有限状态机),并且其只能在初级输入序列正确的情况下才能解锁[26,30]。我们提出硬件计量方法的同时,还提出了一种用于检测重标记 IC 的安全分离测试(SST)方法[31]。

元件供应链中很大一部分是在产元件和过时元件。我们无法在这些元件的设计中添加额外硬件来创建芯片 ID。此时，可通过生成无须修改设计的封装 ID 来标记这些元件。生成封装 ID 时，不允许进行封装修改（参见第 12 章）。这些 ID 也可用于新研元件。目前，商业上仅 DNA（脱氧核糖核酸）标记[32]可以达成这一目标，通过精细或快速 DNA 认证来实现伪元件检测。然而，精细 DNA 认证耗时超长且成本超高[33]，难以实际运用。如果伪造者向回收芯片中添加相同 DNA 或其他机制使其发出相同的光，那么该技术将无法使用快速认证（仅观察颜色）来鉴别重标记 IC。尚未商业化的纳米棒（NR）技术[34]同样可能遇到相似的问题。

然而，只要伪造者不改变回收 IC 的原有等级（如商用级仍为商用级），现有技术（ECID、PUF、HM 和 SST）仍难以有效检测。此外，由于这些技术大都会产生较大的面积开销，难以用于小型元件。由于技术上的差异，其同样不适用于模拟和混合信号元件。DNA 和 NR 技术在 IC 认证中也各自面临着挑战。本章将会介绍一些可用于检测各类回收和重标记元件的低成本结构。这些结构可添加到晶片中，因此也可用于新研元件认证。

上述讨论突出了实现有效 DFAC 措施所面临的挑战。为了解决现有方法存在的缺点，需要重点考虑以下方面：①鉴于模拟和数字元件的尺寸不同且制造工艺不同，分别为其提出不同认证方法；②尽可能降低由 DFAC 措施产生的成本/管理费用；③使用低成本测试设备实现快速认证，并且无须参考正品 IC。为了实现上述目标，提出了几种新的抗晶片和 IC 回收（CDIR）结构。9.1 节介绍了两种基于环形振荡器的轻量级 CDIR 结构，可适用于大型和小型数字 IC，即简易 RO-CDIR[35] 和感知 NBTI 的 RO-CDIR[36]。相比于简易 RO-CDIR，感知 NBTI 的 RO-CDIR 能更好地利用老化特性，可识别使用时间很短的芯片。9.2 节描述了两种基于反熔丝的结构，能够以可调精度和成本测量大型数字集成电路的使用寿命。9.3 节提出了两种基于熔丝的 CDIR（F-CDIR）结构，可用于模拟和小型数字集成电路。利用一些成本非常低廉的测量设备（如万用表）可对具备 F-CDIR 结构的元件进行认证。

根据芯片尺寸及其使用时间的精度需求，可以选择一个或多个 CDIR 结构的组合来实现回收 IC 检测。需要说明的是，本章仅解决回收 IC 的重标记问题，而不是新 IC 的重标记问题。

9.1 基于 RO 的 CDIR 传感器

本节提出一组有效的防范措施，即在数字 IC 中添加基于环形振荡器的 CDIR（RO-CDIR）结构。该结构简单精巧，可有效利用老化特性来验证 IC 是否是伪造品。下面将对老化现象进行详细的描述，并介绍两个不同版本的RO-CDIR。

老化是回收 IC 的典型特征。前期使用会对部件的寿命和性能造成损害。当元件在线使用一段时间后，老化会引起元件参数缺陷或异常。在线使用的元件老化可归因于两种主要现象（随着工艺的提升，该现象变得越来越普遍）：负偏压温度不稳定性（NBTI）和热载流子注入（HCI）。这些现象分别在PMOS 和 NMOS 元件中表现尤为突出，其详细描述参见 3.5 节。由于在 Si/SiO$_2$ 接触面会产生不完全的界面陷阱，NBTI 常发生于有负栅电压激励和温度上升的 PMOS 上。去掉电压激励可以使一些界面陷阱退火，但并不完全，从而表现为阈值电压 V_{th} 和绝对截止电流 I_{off} 增大，而绝对漏极电流 I_{DSat} 和跨导 g_m 减小。HCI 发生在 NMOS 上，因翻转过程中漏极附近 Si/SiO$_2$ 表面的俘获界面电荷所致，这将使得阈值电压 V_{th} 出现不可恢复的下降。上述的两种老化机制导致元件内部路径延迟的增加，从而降低元件的运行速度。那么，老化能有助于检测回收 IC 吗？答案是肯定的。

当前已有一些方法利用老化现象来检测回收 IC[9-10]。这些方法要求对新芯片的性能数据进行采集并分析，但这在缺少金片的条件下不可行。此外，对于较低工艺而言，当工艺偏差较大，超过老化的影响时，难以区分同批生产的回收 IC。

9.1.1 简易 RO-CDIR

文献［35］中提出了一种基于环形振荡器（RO）的方法。该方法完全不需要采集数据，并且采用了"自参考"的理念测量使用时间。具体来说，在芯片内嵌入两个 RO 并将它们进行比对，以检测先前的 IC 使用情况。第一个 RO 称为基准 RO，使其以较慢的速度老化；第二个 RO 被称为应激 RO，使以比基准 RO 更快速度老化。由于 IC 被使用过，应激 RO 的快速老化降低了其振荡频率，而基准 RO 的振荡频率在芯片的寿命期间几乎不变。因此，当两个 RO 的频率之间出现巨大差异时，也就意味着该芯片已经被使用过。为了克服全局和局部工艺偏差，这两个 RO 在物理空间上非常的接近，因此它们之间的工艺和环境偏差可以忽略不计。

如图 9.2 所示，简易 RO-CDIR 的结构由一个控制模块、一个基准 RO、一个应激 RO、一个 MUX、一个定时器和一个计数器组成。在定时器控制的一定时间段内，由计数器测量两个 RO 的周期数。系统时钟用于辅助定时器最大限度地减少由于电路老化所导致的周期偏差。由 ROSEL 信号控制 MUX 来选择测量哪一个 RO。RO 中的反相器可由任何其他类型的门（NAND、NOR 等）替换,前提是它们可以构建 RO。根据文献[35]中的分析,替换不会显著改变 RO-CDIR 的有效性。在 90nm 工艺下,16 位计数器可在高达 1GHz 的频率下工作,也就是说,基于反相器的 RO 至少由 21 级组成[35]。

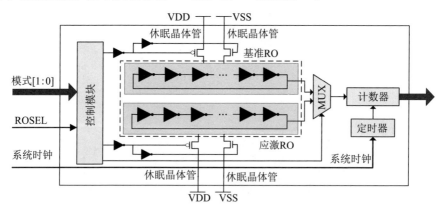

图 9.2 简易 RO-CDIR 的结构

9.1.2 简易 RO-CDIR 的局限性

考虑到 RO-CDIR 的设计目标,最佳 RO-CDIR 传感器(能够最准确地检测出回收 IC)应当最小化基准 RO 的老化特征,并最大化应激 RO 的老化特征。文献[35]中提出的 RO-CDIR 无法实现这一点,如图 9.2 所示。在该 RO-CDIR 设计中,应激 RO 中只有一半的反相器在单个振荡周期内受到 NBTI 的应力影响,如图 9.3(a)所示。这意味着有一半的反相器发生老化的同时,另一半在修复老化。例如,在第 k 个周期,偶数反相器(例如,反相器 2、4、6……)在其输入端接收零(零导致 PMOS 老化),从而受到应力,而奇数反相器(例如,反相器 1、3、5……)会修复老化。在第 $k+1$ 个周期,偶数反相器修复老化,而奇数反相器发生老化。该过程在正常运行期间持续发生,并导致应激 RO 的老化速度变得较为缓慢,因为 PMOS 晶体管每隔一个周期都会有部分进行修复。由于传感器保持在非振荡模式,因此热载流子注入(HCI)对该传感器性能的影响不大。关于老化和修复过程的详细信息可以参见文献[37−38]。

文献[36]解决了前述问题,使得采用 RO-CDIR 的 IC 运行期间所有反相器都可受到 NBTI 应力影响,如图 9.3(b)所示。该方案的实现是通过断开每个反相器与其前一个反相器的连接并将其输入端接地。当 PMOS 晶体管的栅极接地时,便会产生 NBTI 应力。因此,在整个运行期间,应激 RO 的所有反相器都处于 NBTI 应力下，也就不会发生老化和修复。但是，如果芯片完全断电，也会发生部分修复现象。但事实证明，永久性退化的程度要比修复程度大得多[39]。

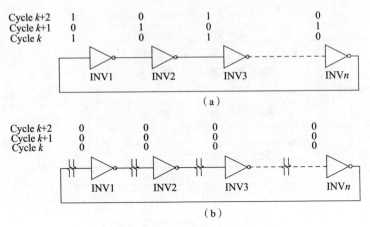

图 9.3 应激 RO 受到的 NBTI 应力
（a）应激模式下 RO-CDIR 传感器中的应激 RO[35]；
（b）应激模式下感知 NBTI 的 RO-CDIR 传感器中的应激 RO。

9.1.3 感知 NBTI 的 RO-CDIR 的设计与运行

感知 NBTI 的 RO-CDIR 传感器[36] 的设计如图 9.4 所示。如上所述，所有反相器在正常运行期间需要不断受到应力，从而使得应激 RO 被修改。为实现这一目标，在每对反相器之间引入通道晶体管，并通过 NMOS 网络将所有反相器的输入端接地。为了匹配所有的内部参数（节点电容、电阻等），可在基准 RO 中模拟相同的通道晶体管和 NMOS。这是为了确保在使用时间为 0 时（也就是未发生老化时），最小化两个 RO 之间的差异且差异主要来源于两个 RO 之间的制造工艺偏差。引入解码器以生成特定模式的所有内部信号。当 EN = 0 时，两个 RO 在休眠晶体管导通的情况下发生振荡。信号 EN 和 SRO_EN 不能同时为"1"；否则它们会发生短路。与图 9.2 所描述的设计相似，感知 NBTI 的 RO-CDIR 同样拥有一个 MUX、一个计数器和一个被用于选择 RO 并在认证期间测量其频率的定时器。此外，如前所述，休眠晶体管用于将基于 RO 传感器中的 RO 与电源相连。其中，PMOS 休眠晶体管控制 VDD 和反相器的连接，而 NMOS 休眠晶体管控制 VSS 和反相器的连接。

第 9 章 回收晶片与集成电路的防范

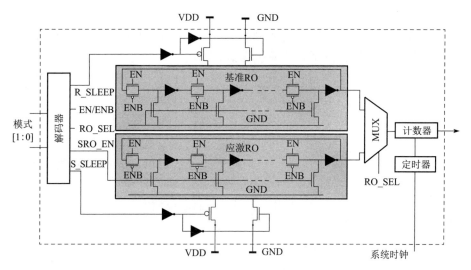

图 9.4 感知 NBTI 的 RO-CDIR 传感器的设计

表 9.1 给出了 4 种不同的运行模式。制造测试与老化测试时的目标是保护两个 RO 免受老化影响。在此模式下，两个 RO 通过切断电源线和地线进入休眠模式。在整个运行过程中，R_SLEEP 和 S_SLEEP 均设置为"0"。在正常运行时，基准 RO 仍然处于休眠模式，但应激 RO 处于应激模式。通过将应激 RO 中的所有反相器输入端接地，对其施加 DC 应力。在认证模式下，基准 RO 被激活以测量其频率（RO_SEL 为 0），也就是新 IC 的 RO 频率。然后，应激 RO 被激活（SRO_EN 为 0 且 EN 为 1）并测量其频率（RO_SEL 为 1）。

表 9.1 4 种不同的运行模式

模式	信号					描述
	R_SLEEP	EN	RO_SEL	SRO_EN	S_SLEEP	
00	0	X	X	X	0	制造与老化测试：两个 RO 都处于休眠模式
01	0	0	X	1	1	正常运行：基准 RO 处于休眠模式，应激 RO 处于应激模式（反相器输入接地）
10	1	1	0	0	1	认证模式：测量基准 RO 的频率
11	0	1	1	0	1	认证模式：测量应激 RO 的频率

9.1.4 开销分析

在现代设计中，上述两种 RO-CDIR 的面积开销非常小。面积开销主要取决于计数器和定时器的大小，其余部分的面积开销可以忽略不计。因此，原有设计和感知 NBTI 的设计面积开销相同。可以从 RO-CDIR 中移除定时器和计数器，并在片外进行频率测量，使面积开销更小。

RO-CDIR 的面积开销分析如表 9.2 所示。面积开销可定义为 RO-CDIR 大小（面积）与基准大小（面积）的比值。IWLS 2005 基准按照由低到高的排列来计算面积开销。由于频率可以在芯片外测量，因此在计算过程中不考虑定时器和计数器。如表 9.2 所示，对于较小基准（i2c，spi 和 b14）而言，51 级感知 NBTI RO-CDIR 的开销超过 1%，这就使得它们难以应用于小型设计中。从表 9.2 中还可以看出 51 级 RO-CDIR 的面积开销要低于 51 级感知 NBTI 的 RO-CDIR 的面积开销；而 21 级 RO-CDIR 的面积开销相对更低，大型设计的总面积开销几乎不受其影响。

由于应激 RO 中反相器的所有输入端接地，导致感知 NBTI 的 RO-CDIR 在正常运行期间没有翻转，因此它的功耗要比简易 RO-CDIR 更低。当两种设计应用于现代工业设计中时，其功率开销都可忽略不计。如图 9.1 所示，RO-CDIR 适用于大型数字集成电路（如微处理器、微控制器、DSP、ASIC、可编程逻辑设备和存储器等）。当面积开销在可接受范围时，该传感器也可用于小型数字集成电路。

表 9.2 RO-CDIR 的面积开销分析

基准	尺寸（#门数）	面积开销			
		简易 21 级 RO-CDIR/%	感知 NBTI 的 21 级 RO-CDIR/%	简易 51 级 RO-CDIR/%	感知 NBTI 的 51 级 RO-CDIR/%
I2C	1124	2.89	4.73	5.52	9.98
SPI	3277	1.01	1.65	1.92	3.48
b14	8679	0.38	0.62	0.73	1.31
b15	12562	0.26	0.43	0.50	0.91
DMA	19118	0.17	0.28	0.33	0.6
DSP	32436	0.10	0.17	0.19	0.35
Ethernet	46771	0.07	0.115	0.135	0.244
Vga_lcd	124031	0.03	0.044	0.051	0.092
Leon2	780456	0.004	0.007	0.008	0.015

9.1.5 感知 NBTI 的 RO-CDIR 仿真

采用 90nm 工艺实现感知 NBTI 的 RO-CDIR 设计并进行仿真[40]，以验证其有效性。采用Synopsys公司的HSPICE MOSRA仿真和测量老化对RO-CDIR的影响。电源电压标称值为1.2V。在实验中，选择21级和51级RO的结果进行比较。为了对工艺偏差进行建模，对HSPICE中的1000个感知NBTI的RO-CDIR样本进行蒙特卡洛（MC）仿真。本节重点检测使用时间很短的IC，因此将老化时间总量设定为15天，增量为3天。该传感器可轻松检测出更长使用时间的IC。

研究中分析了3种不同工艺偏差对检测回收IC的影响。表9.3给出了该仿真中的不同工艺偏差。从PV0到PV2，片间和片内工艺偏差都变得更大。这是因为随着特征尺寸的减小和晶片尺寸的增加，复杂半导体制造工艺对器件参数的影响更加显著。然而，RO在物理空间上非常接近，工艺偏差对它们的影响非常小。PV0代表RO之间工艺偏差期望，PV1和PV2对应最差的情形。

表9.3 仿真中的不同工艺偏差

工艺偏差	片内			片间		
	$V_{th}/\%$	$L/\%$	$T_{ox}/\%$	$V_{th}/\%$	$L/\%$	$T_{ox}/\%$
PV0	5	5	2	5	5	1
PV1	8	8	3	7	7	2
PV2	20	20	6	10	10	4

图9.5给出了感知NBTI的RO-CDIR传感器仿真结果。在图9.5中，x轴代表基准RO和应激RO频率差（$f_{diff}=f_{reference\_ro}-f_{stressed\_ro}$）；$y$轴代表发生频数（蒙特卡洛样本的数量），图例表示老化时间（例如，$T=3d$表示RO-CDIR的老化时间为3天）。图9.5中浅灰色覆盖区域代表新IC的f_{diff}分布，该区域以0MHz为中心，表明RO-CDIR尚未老化，灰色和深灰色分布分别代表3天和15天的老化。很明显，随着应激RO老化程度的升高，f_{diff}的分布向右移动且速度变缓。此外，由于误判率（稍后对其进行介绍）直接受分布的展开程度影响，因此对分布的展开程度进行观察十分重要。当IC之间的工艺偏差变大时，展开程度变大。图9.5（a）、（c）、（e）和图9.5（b）、（d）、（f）清晰地描述了上述两种情况。

当两个分布区域（$T=0, 3, 15$）不重叠时，可以清楚地识别回收IC。误判的百分比（将新IC检测为伪造品，反之亦然）可以根据这两个分布区域之间的重叠面积进行估算。采用高斯拟合得到分布区域的均值和方差，然后计算重叠面积。几乎所有老化程度超过15天的回收IC都能被识别出来。由此，可预测随着工艺偏差变大，且使用21级RO，而非51级RO时会导致更高的误

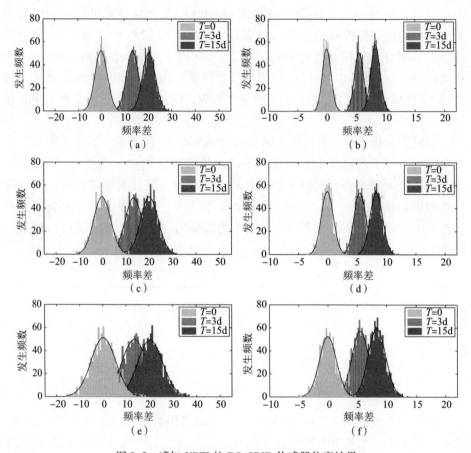

图 9.5 感知 NBTI 的 RO-CDIR 传感器仿真结果
(a) PV0：21 级 RO；(b) PV0：51 级 RO；(c) PV1：21 级 RO；
(d) PV1：51 级 RO；(e) PV2：21 级 RO；(f) PV2：51 级 RO。

判率。随着工艺偏差变大，f_{diff} 的方差也随之变大，从而导致 $T=0$、$T=3$、$T=15$ 覆盖区域之间的重叠面积变大。同样，由于 21 级 RO 分布区域比 51 级 RO 的分布区域更宽，可预测其误判率更高。对于具有 PV0 的 51 级 RO，最好的情况是可检测出使用 3 天以内的回收 IC，且误判风险可以忽略。这意味着比文献 [35] 中提到的"识别回收 IC 需要至少达到一个月的老化程度"有了很大提升。正如 9.1 节所述，简易 RO-CDIR 的应激 RO 中有 50% 的反相器在振荡周期内发生老化，而另一半反相器在进行修复。这将导致应激 RO 的老化速度变慢。相比之下，在感知 NBTI 的 RO-CDIR 中，应激 RO 的反相器在正常运行期间会不断地老化（不会修复）。因此，应激 RO 的老化更高，能够使感知 NBTI 的 RO-CDIR 检测到的回收 IC 使用时间远低于一个月（短至 3 天）。

9.1.6 误判率分析

为证明 RO-CDIR 的有效性,进行了误判率分析。误判率可定义为:回收 IC 被误判为新品(Δ_1)以及新品 IC 被误判为回收品(Δ_2)。本节只给出感知 NBTI 的 RO-CDIR 的实验结果。图 9.6 显示了具有 21 级 RO 的新品 IC 和老化 IC 的两个分布函数(最差情形:PV2 工艺偏差下老化 3 天)。图 9.6 中 x 轴表示两个 RO(f_{diff})之间的频率差,y 轴表示相应的分布函数。重叠区域表示新 IC 和回收 IC 的识别误判率。决策阈值应该是两个分布区域的交点(x_{th})。图 9.6 中 a 区域表示将新 IC 识别为回收品的概率,而 b 区域表示将回收 IC 识别为新品的概率。区域 Δ_1 和 Δ_2 可表示为

$$\Delta_1 = \int_{x_{\text{th}}}^{\infty} f_{0d}(x)\,\mathrm{d}x,\ \Delta_2 = \int_{-\infty}^{x_{\text{th}}} f_{nd}(x)\,\mathrm{d}x$$

其中,f_{0d} 和 f_{nd} 分别对应于新品 IC 和老化 n 天 IC 的频率差分布。

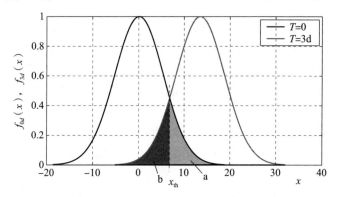

图 9.6 21 级 RO 的新品 IC 和老化 IC 的两个分布函数

表 9.4 给出了误判率,即在 21 级和 51 级感知 NBTI 的 RO-CDIR 中将回收 IC 识别为新品(Δ_1)和将新品识别为回收 IC(Δ_2),相应的工艺偏差如表 9.3 所示。由于两个样本之间工艺偏差更大,应激 RO 和基准 RO 的频率差异更加显著,使得 PV2 下的误判率相对更高。这会导致两个分布之间的重叠区域更大。51 级 RO 的 Δ 明显更低。当感知 NBTI 的 RO-CDIR 的老化程度分别为 3 天和 15 天时,Δ_1 分别为 2.79% 和 0.21%。在 PV1 下,相同老化时间时,Δ_1 分别为 0.32% 和 0%。可见,不管是回收 IC 还是仅使用了 3 天的新品,都能够以很小的误判率检测出来。如前文所述,由于两个 RO 放置的非常近,工艺偏差远低于 PV1,因此可实现全部样本的检测。在不同情况下,将新品 IC 识别为回收 IC 的误判率(Δ_2)与之相似。在两种误测(Δ_1 和 Δ_2)案例中,51 级 RO

的性能优于 21 级 RO。

表 9.4 感知 NBTI 的 RO-CDIR 的误判率

项目	回收 IC 识别为新品（Δ_1）						新品 IC 识别为回收品（Δ_2）					
	3 天			15 天			3 天			15 天		
	PV0/%	PV1/%	PV2/%	PV0/%	PV1/%	PV2/%	PV0/%	PV1/%	PV2/%	PV0/%	PV1/%	PV2/%
21 级 RO	0.6	3.53	10.19	0	0.31	2.84	0.45	3.16	10.54	0	0.25	2.87
51 级 RO	0	0.32	2.79	0	0	0.21	0	0.3	2.85	0	0	0.18

在仿真时，只考虑了工艺偏差的因素，而没考虑温度和电源扰动。由于两个 RO 在电路布局中非常靠近且温度扰动为全局影响，因此两者之间的温度扰动可以忽略不计（$\Delta T = 0$）。在较高的温度下，可预测应激 RO 的老化速度更快，更会改善检测结果。对电源扰动也可进行相似讨论。

9.1.7 工作负荷分析

对影响检测回收 IC 的不同工作负荷进行分析同样重要。这里工作负荷被定义为一天中 IC 使用时间的百分比。工作负荷/使用情况取决于正在运行的应用程序类型。例如，在移动电话中使用的 IC 可能在一整天内保持开启（工作负荷为 100%）；电视或笔记本电脑可能在一天的某个时间段内开启（工作负荷远不足 100%）。除非另有说明，本文将所有仿真设定为 100% 工作负荷。表 9.5 给出不同工作负荷下正确识别 IC 所需的最短使用时间。由于 51 级感知 NBTI 的 RO-CDIR 的误判率最小，这里仅给出其结果。结果表明，随着工作负荷的减少，能检测到的回收 IC 最短使用时间增大。例如，10% 和 1% 的工作负荷要求 IC 已分别使用 30 天和 300 天。随着工作负荷的减少，只能识别系统运行时间较长的回收 IC，因为常处于关闭（未运行）状态的系统，应激 RO 不会随着时间流逝而老化。需要注意的是，低负荷环境将对其他基于老化的方法[9-10,35]也会产生同样影响。因此，在任何工作负荷下，感知 NBTI 的 RO-CDIR 均优于其他基于老化的方法。

表 9.5 不同工作负荷下正确识别 IC 所需的最短使用时间

项目	工作负荷				
	100%	75%	50%	10%	1%
51 级 RO-CDIR	3 天	4 天	6 天	30 天	300 天

9.1.8 攻击分析

众所周知，伪造问题会不断演进，伪造者凭其经验不断改进技术，这一趋势将持续下去，伪造者将继续发展其技术以应对新的检测和防护方法。因此，为了检验这些防护方法的健壮性，有必要分析 RO-CDIR 脆弱性攻击方法。RO-CDIR 可能受到以下两种类型的攻击。

（1）移除/篡改。首先，对 RO-CDIR 的攻击可能是移除/篡改攻击。然而，伪造者很难用新 RO 替换应激 RO 或篡改应激/基准 RO 以匹配它们的频率。如果假定移除或篡改攻击可能发生，那么伪造者必须移除原有封装，然后根据其原有封装进行再封装。对于伪造者而言，移除/篡改方法的经济效益太低，不太可能应用于实践中。

（2）老化基准 RO。此攻击情形下，伪造者有意使基准 RO 老化，以掩盖 RO 之间的差异。伪造者可能会试图强制 RO-CDIR 在认证模式（参见表 9.1 中的模式 10）下加速应激运行一段时间。在加速老化时，应激 RO 和基准 RO 同步进行最大程度老化，频率差缩小。

众所周知，老化的成本高昂，伪造者进行老化也需付出很大代价。伪造的主要目标是进行廉价回收，而不希望在这些元件上增加额外成本。由于无利可图，伪造者没有任何动机在回收中进行老化处理。因此，该攻击也不可行。

9.2 基于反熔丝的 CDIR 结构

上述感知 NBTI 的 RO-CDIR 传感器根据参考 RO 和应激 RO 之间的频率差值估计老化时间。但即使 RO 在物理空间上彼此相邻放置，也可能存在一些片内工艺偏差影响 RO-CDIR 的检测精度，尤其是当设备处于关闭时间大于运行时间时。RO-CDIR 传感器的另一个局限性是对于较低工艺的 IC 而言，非常依赖于其老化机制。换言之，此类传感器不适用于旧工艺的 IC。由于军事和航天级应用出于可靠性考量通常采用较低工艺的 IC，因此该技术对其而言就不太有吸引力。感知 NBTI 的 RO-CDIR 的仿真结果（参见 9.1.1 节）表明，不同工艺角下的 IC 连续使用时间达到了 3 天以上就可能检测出来。为了解决精度问题，文献［41］中提出了一种主要针对大型数字 IC 的基于反熔丝的 CDIR（AF-CDIR）结构。本节将首先描述反熔丝存储器，然后介绍两种不同的AF-CDIR 结构，即基于 CAF 的 CDIR 和基于 SAF 的 CDIR。

9.2.1 反熔丝存储器

反熔丝（AF）是一种电子器件，它可以在电应力控制下从高阻抗非导电状态转变为低阻抗导电状态。利用足够高的电压/电流，在小区域内产生大功耗，将多晶硅和扩散电极之间的薄绝缘电介质熔化形成薄的永久低阻抗硅链路。制造后对反熔丝单元进行的编程不可逆且永久，可在 AF-CDIR 结构中存储 IC 使用时间。在基于 AF 的传感器中使用反熔丝块的原因[42]有：①与其他类型的 OTP（一次性可编程）结构（如电熔丝或 CMOS 浮栅）相比，编程或读取的功耗更低；②反熔丝的面积远小于电编程熔丝（eFUSE）；③在制造过程中不需要额外的掩模或处理步骤。

大多数反熔丝存储器在电压或电流相对较高的编程环境中编程。因此，反熔丝 OTP 存储块中可使用集成电荷泵或电压倍增器来提供足够高的电压或电流[43-44]。使用这些电荷泵或电压倍增器，就无须在编程期间提供额外电源。嵌入式反熔丝存储器的典型接口如图 9.7 所示，包括电源、地址、程序和数据信号。这里在基于 AF 的传感器中使用现有的反熔丝块，其接口如图 9.7 所示。

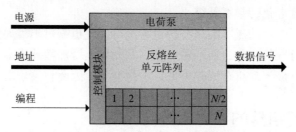

图 9.7　嵌入式反熔丝存储器的典型接口

9.2.2　基于时钟 AF（CAF）的 CDIR

基于 CAF 的 CDIR 的结构如图 9.8 所示，由两个计数器、一个数据读取模块、一个加法器和一个反熔丝 OTP 存储块组成。计数器 1 用于将高频系统的时钟分频为较低频率的信号。计数器 2 用于低频信号的周期计数。两个计数器的大小可以根据测量尺度（T_s：定义为传感器给出的时间单位）和总测量时间（T_{total}）进行调整。计数器 1 和计数器 2 的大小分别取决于 T_s 和 T_{total}/T_s。下面将演示如何计算计数器 1 和计数器 2 的大小。假设 T_s 为 1h，T_{total} 为 1 年，系统时钟频率 $\left(f=\dfrac{1}{T}\right)$ 为 50MHz，则计数器 1 和计数器 2 的最大计数为

$$\begin{aligned}
\text{Count1}_{\max} &= \frac{1\text{h}}{\text{时钟周期}} = \frac{3600}{T} = 3600 \cdot f \\
&= 3600 \times 50 \times 10^6 \, (\text{Count1}_{\text{mat}} \in 2^{37}, 2^{38}) \\
\text{Count2}_{\max} &= \frac{365 \times 24\text{h}}{1\text{h}} = 8760 \, (\text{Count2}_{\max} \in 2^{13}, 2^{14})
\end{aligned} \quad (9.1)$$

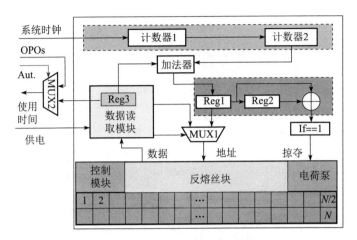

图 9.8 基于 CAF 的 CDIR 的结构

从式（9.1）中可以看出，计数器 1 和计数器 2 的大小分别为 38 位和 14 位。同时，可以清楚看到，计数器 1 的大小取决于系统时钟（Sys_clk）。如果该设计使用多个时钟，那么选择最慢的时钟，因为其可最小化计数器面积，该面积与达到 T_s 计数值直接相关。

嵌入式反熔丝 OTP 存储块用于永久保存数据。使用反熔丝 OTP 的原因是它提供了比其他技术更低的单元面积以及更好的防篡改性。在该设计中，通过跟踪计数器 2 的输出保持使用时间。如果计数器 2 的值增加"1"，那么指定编程为 $1'b1$。通过将反熔丝块中计数器 2 的输出端连接到地址信号，相关反熔丝单元将被编程为"1"。因此，内容为"1"单元的最大地址就是基于计数器 1 测量尺度的 IC 使用时间。

然而，编程和读取操作在反熔丝存储块中使用相同的地址信号。因此，由数据读取模块控制的多路复用器（图 9.8 中的 MUX1）被用于选择要读取或编程的反熔丝单元地址。当接通电源时，反熔丝存储块将在读取模式下工作一小段时间。在此期间，数据读取模块生成的读取地址将经过 MUX1，并且对所有反熔丝单元进行二叉树遍历。图 9.9 给出了在 N 位反熔丝存储块中读取数据的算法。从图 9.9 可以看到，算法中有 $\log(N/2)$ 次循环。根据第 i 次循环时地址中的值，地址增加或减少 2^{i-1}（$i=0, 1, \cdots, \log(N/2)$）。如果存储在地址中的值为"1"（[address]==1）且下一个地址中存储值为"0"，那么该地址表示基于 T_s 的加电前使用时间。读取操作将持续少于 $\log(N/2)+1$ 个系统时钟周期，该时间具体取决于反熔丝存储块中存储的值。该读取时间也会由计数器 1 记录。

```
                    数据读取的算法
        1.   initial address=（N/2）;
        2.   for（i=log（N/2），i>0，i--）{
        3.       if（[address]==1）
        4.           address=address+1;
        5.           if（[address]==0）
        6.               address=address-1，$stop;
        7.           else
        8.               address=address-1;
        9.               address=address+2^(i+1);
        10.      else
        11.              address=address-2^(i+1);
        12.  }
```

图 9.9 在 N 位反熔丝存储块中读取数据的算法

一旦获取了加电前使用时间，便会将其存储到寄存器 Reg3 中并发送给加法器。此处使用加法器的原因是，每次通电时计数器都会从"0"开始，并且当计算总使用时间时必须考虑先前的使用时间。此外，Reg1 用于对加法器中的数据进行采样，Reg2 利用一个系统时钟将 Reg1 中的数据延迟，并使用异或门来比较 Reg1 和 Reg2 中的数据。如果不同（表示使用时间增加），反熔丝 OTP 存储块将工作在编程模式下，并且 Reg1 中的数据将通过 MUX1 存到反熔丝 OTP 存储块的地址中。因此，结合计数器 2 中的值（加电后使用时间），通过对一个具有较大地址空间的新反熔丝单元进行编程，将新的总使用时间存储到反熔丝 OTP 存储块中。从以上讨论可以看出，反熔丝 OTP 存储块在内部编程。该方法设计的传感器可以降低对基于 CAF 的 CDIR 实施修改或篡改攻击的可能性。

在实现芯片认证的过程中，为了避免添加额外测试引脚，基于 CAF 的 CDIR 使用多路复用器（MUX2）和认证（Aut.）引脚将使用时间发送至 IC 的输出引脚。因此，该 AF-CDIR 仅需一个额外引脚。当 IC 处于常规功能模式时，原始输出（OPOs）将会经过 MUX2。如果 IC 通过使能认证信号处于认证模式时，数据读取模块将会把反熔丝 IP 设置为读取模式，那么使用时间会经过 MUX2。另外，当 IC 在制造测试模式下工作时，CAF-CDIR 的功能将禁用，并且将故障测试模式运用于该结构。

9.2.3 基于信号 AF（SAF）的 CDIR

由于基于 CAF 传感器使用两个计数器，对于较小的设计而言面积开销仍然过大。为了减小这一面积开销，提出了一种基于 IC 内部线路翻转（SW）的 SAF-CDIR 传感器结构。该结构类似于基于 CAF 的 CDIR 结构，不同之处在于：

基于 CAF 的 CDIR 通过计量系统时钟周期来记录 IC 的使用时间；而基于 SAF 的 CDIR 是计量 IC 中一组线路的翻转次数（上升沿）。

基于 SAF 的 CDIR 的结构如图 9.10 所示，由一个计数器、一个数据读取模块、一个加法器和一个反熔丝 OTP 存储块组成。计数器 2 用于计量设计中一组线路的翻转次数（上升沿）。由于现场可编程只读存储器（FPROM）可能被攻击者篡改或修改，因此可以利用嵌入式反熔丝 OTP 存储块使用时间（上升沿的总数）。编程和读取操作在反熔丝 OTP 存储块中使用相同地址信号。因此，可利用由数据读取模块控制的多路复用器（MUX1）选择要读取或编程的地址（反熔丝单元）。

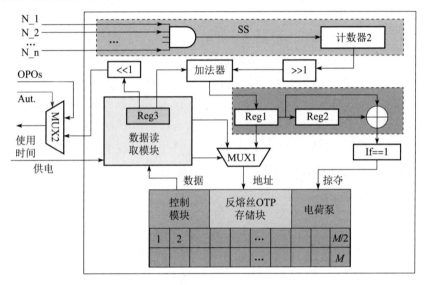

图 9.10　基于 SAF 的 CDIR 的结构[41]

当电源接通时，反熔丝 OTP 存储块将在读取模式下先工作一小段时间。在此期间，数据读取模块生成的读取地址将会通过 MUX1，并对所有反熔丝单元进行二叉树遍历，如图 9.9 所示。

用一个一位右移移位器将计数器 2 中的值除以 2，这时值为"1"的反熔丝单元的最大地址可表示［SW/2］，减小了面积开销。用一个一位左移移位器通过［SW/2］×2 计算翻转次数。记录的 SW 代表 IC 使用时间。因此，基于 SAF 传感器中的反熔丝单元数量将比基于 CAF 传感器要少。但是，基于 SAF 的传感器精度低于基于 CAF 的传感器，这是因为：①其工作基于网表中一组线路的翻转，而基于 CAF 的传感器则是计量系统时钟的周期数；②基于 SAF 的传感器使用移位器会丢失部分使用时间信息。

9.2.4 面积开销分析

为了验证 SAF-CDIR 的有效性，对一个设计（将其命名为 CSAFTEST）实现的面积开销进行分析，该设计使用了大约 500000 个门和 12KB 的片上可编程存储器。表 9.6 通过不同的测量尺度和总测量时间给出了基于 CAF 的 CDIR 和基于 SAF 的 CDIR 的面积开销。从表 9.6 中可以看出，AF-CDIR 的面积开销随着 T_s 和 T_{total} 而变化，因为它们的结构随着测量精度而变化。对于 CAF-CDIR，计数器 1 的大小取决于 T_s，计数器 2 的大小和反熔丝 OTP 存储块的大小都取决于 T_{total}/T_s。因为 SAF-CDIR 省略了计数器 1，它的面积开销会远小于 CAF-CDIR 的面积开销。减少开销的计算公式为

$$开销减少率 = \frac{基于 CAF 的面积开销 - 基于 SAF 的面积开销}{基于 CAF 的面积开销} \times 100\%$$

减少量在表 9.6 的第五列中。例如，当 $T_s=1h$，$T_{total}=1$ 年（8760h）时，CAF-CDIR 的计数器 1 为 20 位，计数器 2 为 14 位和反熔丝 OTP 存储块为 8760 位。该 CAF-CDIR 的面积开销为 1.57%，而 SAF-CDIR 的面积开销为 0.82%，减少量为 47.8%。但是，如果 $T_s=1min$，$T_{total}=1$ 个月或 $T_s=1$ 天，$T_{total}=1$ 年，那么 CAF-CDIR 的面积开销分别为 7.37% 和 0.18%。

表 9.6 CSAFTEST 中基于 CAF 的 CDIR 以及基于 SAT 的面积开销

测量		面积开销			CSAFTEST 的面积/%
测量尺度 (T_s)	总测量时间 (T_{total})	基于 CAF/%	基于 SAF/%	减少量 /%	
1 分钟	1 个月	7.37	3.72	49.5	500000 个门以及 12KB 的存储器
1 小时	1 年	1.57	0.82	47.8	
1 天	1 年	0.18	0.12	33.3	
1 天	4 年	0.37	0.21	43.2	

通过以上分析可以看出，由 AF-CDIR 引起的面积开销取决于 IC 的应用场景和规格要求。如果需要在 T_s 较小和 T_{total} 较大的系统中使用 IC，会导致 AF-CDIR 产生较大的面积开销；反之，开销就很小（小于 1%）。只计算加电时间，不计算断电期间的时间。因此，存储在传感器中的使用时间（T_{total}）通常短于包含断电间隔的时间。在 T_{total} 较小的情况下，AF-CDIR 中反熔丝 OTP 存储块的尺寸也会更小，面积开销也就更小。

9.2.5 攻击分析

由于没有操控 CDIR 的手段，因此 AF-CDIR 本身具有抗攻击能力。伪造者只能通过访问 Aut. 引脚来读出使用时间。尽管如此，仍需分析所有可能对 CDIR 发起的攻击，具体如下。

（1）篡改。对于 AF-CDIR，攻击者可能会尝试通过禁用 CDIR 来掩盖 IC 的使用时间。然而，AF-CDIR 将在通电时自动运行，并把使用时间存储在反熔丝 OTP 存储块中。因此，攻击者无法在不移除封装和破坏芯片的情况下禁用 CDIR。

（2）擦除反熔丝存储器。第二种可能的攻击是反熔丝单元的擦除和修改，也不太容易实现，因为传感器中使用的存储区是反熔丝 OTP 存储块。反熔丝 OTP 技术最突出的优点是它能够抵抗所有现有的逆向工程方法，因为反熔丝单元中的氧化层击穿会发生在边界范围内的随机位置，并且非常小[42]。因此，位单元状态可以很好地隐藏在硅原子中，使得攻击者篡改存储器极其困难。

（3）修改计数器内容。第三种可能的攻击是修改传感器中的计数器或信号连接。但是，攻击者由于资源有限且无法访问原始设计，无法修改线路连接。

9.3 基于熔丝的 CDIR 结构

上文描述的 RO-CDIR 和 AF-CDIR 结构实现面积开销较大，使得其较适用于大型数字 IC，而目前市面上多为较小的模拟、数字和混合信号元件。本节将介绍一种基于半导体熔丝[45-46]的低成本替代结构，该结构几乎可以在任何设计中实现，二极管、晶体管和无源元件等分立元件除外。该结构可与原始设计一同制造，并且无须在制造过程中修改或添加任何步骤。

基于熔丝的 CDIR（F-CDIR）结构由开关和熔丝组成，如图 9.11 所示。它是一个三端结构，其中两端连接到 VDD 和 GND 引脚。第三个控制端由 IC 上的测试引脚控制。在本设计中，MOSFET 充当开关的作用，设计的开销只有一个晶体管和一个熔丝。该设计工作方式如下：在制造和老化测试模式期间，测试引脚始终为"0"，该结构不会流过电流。当把该元件放置在印制电路板（PCB）中正常运行时，测试引脚将连接到 VDD，MOS 将导通，电流流过熔丝，从而使得结构内部处于开路状态，设备正常运行。

伪造元件（使用过的）检测的原理是当测试引脚接至 VDD 时，测量 VDD

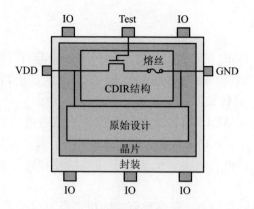

图 9.11 F-CDIR 结构（版本 1）

和 GND 引脚之间的电阻。对于新元件，在 VDD 和 GND 之间测得的电阻可忽略不计。如果元件已使用过，那么测得的电阻将很高（无限大）。在这里，一般假设元件的用户可信，且他们设计 PCB 上测试引脚连接到 VDD。为了提高安全性，可以将测试引脚命名为 VDD。

差分设计中 F-CDIR 结构的实现如图 9.12 所示。F-CDIR 结构放置在差分输出端 O+ 和 O- 引脚之间。控制引脚连接到测试引脚。为了烧断熔丝，差分设计必须为熔丝提供必要的电流。在制造和老化测试模式下，Test 引脚将会设置为 "0"，使得 MOS 处于关闭状态且熔丝保持完好。当设备第一次使用时，熔丝会因流过的电流而烧毁。然后，该设计将按其正常功能运行。对于新元件来说，在 O+ 和 O- 之间测量的电阻可忽略不计，而对于伪元件来说，则会很高（无限大）。

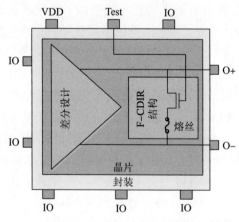

图 9.12 差分设计中 F-CDIR 结构（版本 1）的实现

图 9.13 给出了 F-CDIR 结构的另一个版本，仅由一个半导体熔丝组成。传感器端口连接至测试和 GND 引脚。熔丝与该设计的其余部分隔离。在制造和老化测试模式下，测试引脚将始终为"0"。由于没有电流经过，熔丝将保持完好。在正常运行时，Test 引脚将连接至 VDD。当芯片第一次工作时，电流将流过传感器，并烧毁熔丝。通过测量测试引脚和 GND 引脚之间的电阻值来检测使用过的元件。一个简单的万用表便可检测这些元件。如果测量到的电阻值很高（无限大），那么该元件为伪造品；否则，该元件为新品。

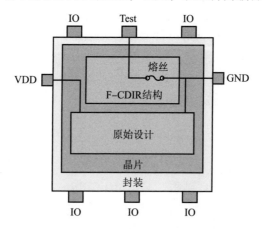

图 9.13　F-CDIR 结构（版本 2）

需要注意的是，F-CDIR 的成功实现依赖于可信系统集成商，因为只有当测试引脚连接至 VDD 引脚时，熔丝才会烧毁。如果系统集成商未将测试引脚连接到 VDD 引脚，那么熔丝将完好无损。此时，则无法通过测量电阻识别出回收 IC。

9.3.1　面积开销分析

F-CDIR 的大致面积开销如表 9.7 所示。为模拟和混合信号电路选择了 ITC'97 基准[47]。通过计算 F-CDIR 中使用的元件与基准电路的比值得出大致的面积开销。对于小型模拟电路来说，版本 I 的 F-CDIR 开销约为 20%，而版本 II 的 F-CDIR 开销则非常低。版本 II 的 F-CDIR 仅由一个元件（熔丝）组成，而版本 I 由两个元件（熔丝和晶体管）组成。如前所述，两个 F-CDIR 结构都需要一个额外的测试引脚，这会使其无法在 IO 引脚数量有限的较小 IC 中使用。对于数字电路（如表 9.2 中的基准电路），F-CDIR 结构需要的面积开销非常小，并且添加一个额外引脚也不成问题。

9.3.2 攻击分析

F-CDIR 的设计是 3 种 CDIR 中最为简单的,可只由一个熔丝(F-CDIR II)或一个熔丝和一个晶体管(F-CDIR I)构成。然而,该设计和 AF-CDIR 设计一样能达到防篡改的作用。可能对其进行的攻击如下。

(1)系统集成商的可信度。为了使 F-CDIR 正常运行,必须烧毁熔丝,而这只能在测试引脚连接到 VDD 引脚时才能实现。因此,F-CDIR 的成功实现依赖于可信系统集成商。

(2)篡改。熔丝的状态可以被修改。然而,制造熔丝需要单独的金属镀膜。这就需要移除封装和进行金属镀膜。该过程代价高昂。因此,没有利润促使伪造者为所有 IC 实施这一过程。由于这些结构被放置在成本非常低的模拟和混合信号 IC 中,伪造者得不到任何利润。

9.4 总结

本章提出了一组 DFAC 结构,包括 RO-CDIR、AF-CDIR 和 F-CDIR,可用于检测不同类型和不同尺寸的回收/重标记 IC。感知 NBTI 的 RO-CDIR 结构可以在任何新工艺的数字 IC 中实现,因其可利用新工艺老化较快的特点。由于面积开销较小,甚至可用在仅有几千个门的小型数字 IC 中。简易 RO-CDIR 需要 3 个测试引脚,而感知 NBTI 的 RO-CDIR 只需要两个测试引脚,并且性能更好。AF-CDIR 只能用在大型数字 IC 中。由于 AF-CDIR 基于系统时钟计数或内部线路翻转计数,因此可在新老工艺下制造。AF-CDIR 只需要一个额外的测试引脚。F-CDIR 可以在任何元件(小型、大型、模拟或数字)以及任何工艺下实现。这些 CDIR 能够十分有效地认证 IC,并且只需要成本非常低廉的万用表即可实现检测。F-CDIR 只需要一个测试引脚就能实现 IC 认证。最后,所有这些 CDIR 结构都能抵抗已知类型的攻击,并且其结构可用于所有类型回收 IC 的检测。

参考文献

[1] SAE. Counterfeit electronic parts: avoidance, detection, mitigation, and disposition, 2009. http://standards.sae.org/as5553/.

［2］ IDEA. Acceptability of electronic components distributed in the open market. http://www.idofea.org/products/118-idea-std-1010b.

［3］ CTI. Certification for coutnerfeit components avoidance program, September 2011.

［4］ U Guin, D DiMase, M Tehranipoor. Counterfeit integrated circuits: detection, avoidance, and the challenges ahead. J. Electron. Test. 30(1), 9-23 (2014).

［5］ U Guin, K Huang, D DiMase, et al. Counterfeit integrated circuits: a rising threat in the global semiconductor supply chain. Proceedings of the IEEE 102 (8), 1207-1228 (2014).

［6］ U Guin, D DiMase, M Tehranipoor. A comprehensive framework for counterfeit defect coverage analysis and detection assessment. J. Electron. Test. 30(1), 25-40 (2014).

［7］ U Guin, M Tehranipoor. On selection of counterfeit IC detection methods, in IEEE North Atlantic Test Workshop (NATW), May 2013.

第 10 章
硬件 IP 水印

半导体工艺的持续发展既促进了 IC 设计的飞跃，也给其带来了困难。一方面，电路逻辑结构越来越密集，半导体芯片上所能安装的元件越来越多，也就可以制造出功能更加密集的片上系统（SoC）；另一方面，系统复杂度呈指数级增长。与几十年前相比，现在需要投入更多的时间和人力来实现创新。然而，由于当前市场竞争激烈，设计时间成为一个非常严格的约束条件。为了优化设计流程并缩短产品上市时间，集成电路产业已转向设计重用的理念。现在的公司不是从头开始设计新的片上系统及其元件，而是获得各种功能块的许可，并将其集成到一个完整的系统中，从而简化设计过程。由于采用这些预先设计的模块可以在电路中实现常规功能，因此能够为创新留出更多时间。这种做法在片上系统的设计中最为常见。SoC 拥有多个用于存储、图形处理、通信和中央处理的功能模块，如图 10.1 所示的移动处理器 SoC，每个功能模块均来自不同的供应商。这些预先设计的功能模块被称为半导体 IP。

本章将介绍一个新出现的硬件 IP（知识产权）保护问题。由于电子系统日益复杂，IP 重用的概念随之诞生，即系统设计人员将来自众多 IP 供应商的 IP 集成在一起。在这种新的系统设计模式下，出现了 IP 盗版问题。为了解决这一问题，起源于多媒体领域的水印概念被应用到硬件 IP 中。硬件 IP 中的水印技术是将签名嵌入到 IP 结构中，从而在提取水印时对 IP 的作者或所有者进行验证，即在 IP 中建立作者身份的证明，用于阻止非授权使用。本章首先描述各种类型的 IP 及其漏洞；然后提出水印的概念，以证明 IP 中的作者身份；最后讨论将水印集成到不同 IP 中的各种方法，以及每种水印技术的优点、问题和使用原则。

第 10 章 硬件 IP 水印

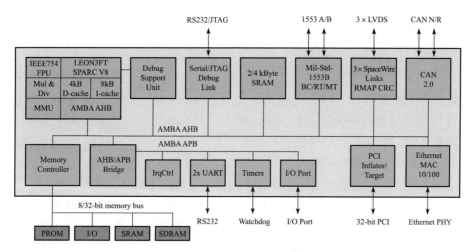

图 10.1 移动处理器 SoC[1]

10.1 知识产权（IP）

在新的半导体商业模式中，设计过程始于 IP 供应商创建可重用逻辑块和标准单元。IP 供应商在设计并生产 IP 块时，不但要使其易于集成至多个系统（即插即用）中，而且需对其进行严格的试验和测试。然后，系统集成商获得这些 IP 的许可，并将其组合，为 ASIC、FPGA 或 SoC 构建新架构。最后，将设计完成的集成电路（如为 ASIC）送至工厂制造。

半导体 IP 大体上可被分为 3 个不同的类别[2]。

（1）软 IP：采用 RTL（寄存器传输级）抽象。由于它们用 HDL（硬件描述语言）描述（或类似的高级抽象），所以称其为数字 IP。它具有工艺无关性，可以用来综合门级信息。软 IP 很灵活，可以很容易地从一个系统移植到另一个系统，但它几乎不提供时间和功耗相关的信息。

（2）硬 IP：通常以 GDSⅡ 文件的形式出现。这些 IP 布局固定，并且功率、面积和时间等性能可预估。硬 IP 通常在制造厂内生成，并在硅片上进行测试，以确保其正确性。它的缺点是在设计上非常僵化（仅限于一种工艺技术），并且缺乏可移植性。硬件 IP 通常用于模拟和混合信号应用中。

（3）固 IP：是软 IP 和硬 IP 两者的折中。这些 IP 通常以布线后网表的形式出现，可提供 IP 的门级描述，因此比软 IP 更可预测。同时，可以很容易地移植到各种工艺技术下，优化后可满足设计者的不同需求。

10.2　IP 重用与 IP 盗版

基于 IP 重用的原则,半导体工业的生产效率有了很大的提高。IP 供应商一直致力于改进其 IP,使其能够灵活应用于多种设计。系统集成商使用改进后的 IP 并在新 SoC 中对其进行测试。最近,对业内领先的 IC 设计方进行的一项调查显示,当今多达 68% 的硅晶片含有重复使用的 IP[3]。开源 IP 的概念也在不断兴起,设计者们不断改进 IP,从而将其更加方便地提供给公众。因此,供应商和设计者都为提高集成电路行业的生产力做出了贡献。但与此同时,随着 IP 重用的兴起,IP 盗版问题也越来越严重。IP 是设计者的智慧成果,因此与任何产品一样,受版权、专利和商标的保护。IP 盗版造成了 IP 的滥用,并且常常未经授权。IP 盗版包括以下形式。

(1) 将他人的 IP 宣称为自己的 IP 或转售。

(2) 使用超出其许可范围的 IP,如开放源码的 IP 被用于商业目的。

(3) 未给予 IP 设计人员应得的报酬。

IP 盗版中更为复杂和严重的问题是逆向工程。逆向工程是从产品中提取信息的过程。从道德方面来讲,半导体产品 IP 的逆向工程问题存在很多灰色地带。但是,逆向工程在一定程度上是符合法律[4]规定的;法律允许以教学、分析、评估概念和技术的目的对 IP 或半导体设计进行逆向工程。公司常常对竞争对手的产品进行逆向工程,以了解其取得的进步或所用技术。逆向工程技术对目标芯片进行逐层剖解、监视输入/输出关系、执行电路提取或进行工艺分析[5]。通过逆向工程复制半导体设计并利用其获得商业利益,侵犯专利、版权和商标的行为是不道德的,大多数情况下应依法惩处[4],但这并不是逆向工程技术本身的错。不法分子同样可利用逆向工程技术对 IP 实施非法侵害。通过逆向工程恢复 IP 会导致盗版 IP 出现,从而侵犯 IP 所有者的权利。盗版 IP 可能又会被克隆,使各方有可能在不获得 IP 作者任何许可或知情的情况下复制并出售 IP 或集成 IP 的产品以获取经济利益。此外,对产品实施逆向工程后,销售比设计新产品要简单得多,并且在经济上更有利可图。这也是不法分子实施 IP 盗版的重要原因之一。

10.3　保护 IP 的方法

近年来,人们提出了以下几种保护半导体 IP 的措施。

(1) 自毁。在军事领域,IP 常常被集成到具有化学破坏机制的集成电路中。如果试图进行任何类型的篡改或逆向工程，就会触发化学破坏机制[6]。

（2）混淆。通过改变 HDL 元件的结构/内容等方法来隐藏 IP 的结构和功能[7]，从而阻止逆向工程[8]；或者在 IP 中嵌入有限状态机，除非被有效的许可密钥激活，否则不支持正常的 IP 功能[9]。

（3）定期许可。在 IP 中嵌入计时器和许可控制器，用于跟踪用户的许可期限。许可到期后，IP 自动失效[10]。

（4）加密。使用强大的加密算法对 FPGA（现场可编程门阵列）比特流进行精心加密，并确保加密密钥的绝对安全，以阻止对 FPGA IP 实施逆向工程。为确保比特流在传输过程中不被截获进而用于逆向工程[11]，可采用存储在一次性可编程非易失性存储器中的 128 位 AES（高级加密标准）密钥对 FPGA 单元（如 Xilinx Virtex-6）进行比特流加/解密。

在法律措施方面，硬件 IP 通常受到专利、商标、版权和商业机密的保护。这些法律措施通过对 IP 完整性侵犯者进行法律惩罚以遏制 IP 盗版行为。同时，IP 作者需要使用某种类型的水印设计以在必要的时候提供 IP 盗版的证明。此外，为了防止 IP 被直接复制或克隆，需要将签名嵌入到 IP 设计中，以便 IP 设计者能够识别 IP，硬件 IP 水印的概念也就应运而生。

10.4 硬件水印

硬件水印就是将特殊的指纹嵌入硬件 IP。水印的概念早期被广泛应用于数字媒体领域（如包含证明媒体作者身份的图像、音频和视频水印）。数字媒体水印可以是可见或不可见的：可见的水印是出现在媒体上的标识/签名；不可见的水印是由于人类视听系统缺陷而难以发觉的水印。数字媒体水印的一个显著特征（或缺陷）是它们具有侵入性，不管是可见或不可见，文件数据都会被修改，以便以某种方式融入水印。就数字媒体而言，在大多数情况下，这种水印是可以被接受的。但是，将同样的水印概念应用于硬件 IP 极具挑战性，因为水印不应改变 IP 的功能。例如，不能简单地将水印随机互连或合并到硬件 IP 的布局设计中，或者向 HDL 文件中添加额外的代码行以在硬件 IP 中创建水印。这些做法会改变 IP 的功能或使其失效，且在大多数情况下（例如，在 HDL 文件中添加代码行），水印会在处理过程中被 HDL 编译器删除或忽略，从而使其失效。这些限制因素对硬件 IP 水印的设计提出了更高要求，为了有效地提供作者身份证明，原虚拟套接字接口联盟（VSIA）给出了 IP 水印所需的关键特性[12]。以下是这些标准的摘录。

（1）功能正确性：水印不应改变 IP 的核心功能。

（2）最小开销：水印不应影响 IP 的性能。IP 的功耗、延迟和运行速度等参数应几乎不受水印的影响。

（3）持久性：水印应难以删除或复制。对 IP 实施逆向工程，至少要和修改/篡改水印一样困难。此外，水印必须是防篡改的，以确保不会被不法分子转换为其他水印；否则水印不仅无法证明作者的身份，并且篡改者还可能声称拥有该 IP 的所有权。

（4）不可见性：第三方不应轻易检测到水印。水印应该是隐蔽的，只能由 IP 所有权拥有者掌握。

（5）作者证明：第三方破解水印的概率应非常小。也就是说，在无水印的 IP 核上出现特定水印的可能性必须非常低（对于 P_c 的数学特征，请参考 5.1 节）。

在 IP 水印技术中，签名需要从 IP 设计者处获取。此签名可以是字符串或图案，通常被转换为二进制序列，该序列中的每一位均会出现在水印中。

对加密后签名应用各种约束（水印要求）才能将其转换为水印。这些约束可在 IP 的设计过程中或生产后添加。为了在需要时表明作者身份，将从这些设计中提取水印并对其进行验证。实际上，由于解密水印的签名和密钥在设计者或所有者手中，验证步骤也只能由他们来完成。

现有的 IP 水印技术有很多。图 10.2 显示了 IP 水印技术的广义分类。

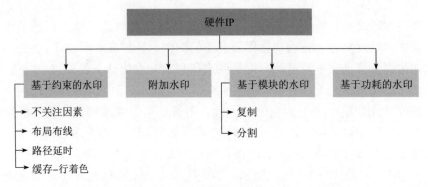

图 10.2 IP 水印技术的广义分类

（1）基于约束的水印：将水印在一定约束条件下嵌入 IP 设计，从而形成原始 IP 设计问题和水印加入问题的联合解决方案。提出的约束包括以下几方面。

①不关注因素：不关注因素（不会对 IP 功能造成影响）可在 IP 设计中作为约束条件创建水印。

②布局布线：通过在特定的布局布线中嵌入签名（能够证明作者身份）以形成版图 IP 的水印。

③路径延时:将路径延时约束分解为子路径延时约束,以指示特定作者签名。

④缓存-行着色:在常应用于高速缓存器的图着色问题中设置特定签名节点。

(2) 附加水印:FPGA IP 水印是通过在 IP 核上添加水印实现的。

(3) 基于模块的水印:HDL IP 是通过复制常用 HDL 代码块(模块复制)或分割 HDL 模块为子模块(模块分割)的方式添加水印,并且应与无水印的 HDL IP 保持相同功能。

(4) 基于功耗的水印:从 FPGA 单元的功耗模式中提取签名。

10.4.1 基于约束的水印

在 IP 设计过程中,必然会考虑到一定的功能约束。IP 设计过程受到延迟和功耗等标准的影响。基于约束的水印这一概念最早由 Kahng 等提出[13],即在 IP 设计过程中加入新的"水印约束"。在该过程中,IP 设计者创建签名并使用密钥将签名转换为一组约束,并确保这些约束不与原始 IP 设计约束相冲突。IP 设计问题的解决方案不仅要满足功能约束,还需满足附加水印约束。

如果设计人员需要验证其作者身份,需要使用私钥和签名来生成整体解决方案。验证问题的解空间如图 10.3 所示。IP 设计问题的解空间存在很多可行解。但水印 IP 问题的可行解有限,对满足 IP 设计问题和水印 IP 问题的解空间取交集,得到的解空间瞬间变小。任何基于约束的问题如果仅通过求解原始问题来解决,成功的概率非常低。因此,解决方案必须同时考虑 IP 设计和水印设计。文献[14]提供了作者身份的概率证明,可采用以下数学公式表示[13]。

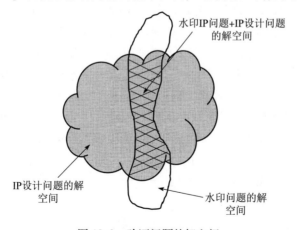

图 10.3 验证问题的解空间

$$P_C = P(X \leqslant b) = \sum_{i=0}^{b} [(C!/(C-i)! \cdot i!) \cdot (p)^{C-i} \cdot (1-p)^i] \quad (10.1)$$

其中：P_c 为碰巧顺利通过作者身份证明的概率；p 为碰巧满足一个随机约束的概率；C 为约束数；b 为不满足的约束数；X 为不满足约束（C）的数量（随机变量）。

在式（10.1）中，P_c 是仅通过求解原始问题碰巧解出所用水印问题的概率。显然，在设计基于约束的水印策略时，P_c 要尽可能低，以确保 IP 设计和水印问题的最终解决方案只能由设计者给出。当 P_c 控制在 10^{-30} 范围内，任何第三方想要破解水印都几乎不可能（即使花费大量的时间和精力）[15]。因此，基于约束的水印是一种较为可靠的 IP 水印方案，任何人在没有签名、密钥等情况下碰巧得出正确解的可能性都非常小。

布尔可满足性（SAT）问题阐述了基于约束的 IP 水印概念[13]。SAT 问题试图找出给定布尔表达式是否存在解（逻辑为真的）。取一个有限的变量集 $U=\{u_1, u_2\}$，取其一些项构成集合 $C = \{\{\bar{u}_1, u_2\}, \{u_1, \bar{u}_2\}, \{u_1, u_2\}\}$，也就是说，从集合中分离出需要被满足的变量。枚举解集得出有 3 种解可以满足此布尔可满足性问题（$\{u_1=T, u_2=F\}$ 或 $\{u_1=F, u_2=T\}$ 或 $\{u_1=u_2=T\}$）。将项 $\{\bar{u}_1\}$（用于识别设计者的签名）作为约束添加到集合中之后，解集立刻减少到两种（$\{u_1=F, u_2=F\}$ 或 $\{u_1=F, u_2=T\}$）。以上的简单示例表明了随机猜测正确解的概率是如何在添加约束情况下迅速下降的，说明了任何能够得出正解（水印和 IP 设计的问题空间）的人都是 IP 的所有者。

1. 基于不关注因素的水印

基于不关注因素的水印属于基于约束水印的范畴。这种技术利用了真值表（数字逻辑函数表示的主要形式）。在真值表中，可能存在以下情况：设计人员对某些输入对的输出并不关注。这些输入组合被称为"不关注因素"。在 IP 水印技术中，"不关注因素"可以作为产生 IP 输出的功能块。以逻辑表达式 $f(a, b, c, d) = \bar{a}bc + \bar{a}bd + b\bar{c}d$ 为例，为了嵌入一位水印签名（例如，逻辑 1），将输出高电平的输入组合作为"不关注因素"添加到逻辑表达式中。同时，为了使签名为逻辑 0，将删除导致"不关注因素"的相同输入组合。在给定的表达式中，为了得到逻辑 1，添加了"不关注因素"项 $\bar{a}\bar{b}\bar{c}\bar{d}$。当且仅当 a、b、c 和 d 都是低电平时，$\bar{a}\bar{b}\bar{c}\bar{d}$ 才为逻辑 1。对于任何其他输入组合，$\bar{a}\bar{b}\bar{c}\bar{d}$ 将是整个逻辑表达式中的"不关注因素"[14]。

2. 基于布局布线的水印

基于布局布线的水印技术可应用于硬 IP，该约束可添加到物理层设计中。基于行的布局技术可作为后处理方式，将签名编码为单元格行（必须放置标准单元）的特定奇偶校验[16]。在 IP 设计的物理版图中，合法单元布局位置排成一行。首先，从 IP 设计者处获取一个消息，再将该消息转换为设计单元子集的行奇偶校验约束；然后，所选择的单元按照生成的行约束排列；最后，经布局生成最终带水印的设计。由此，按照由签名生成的布局约束而专门排列的单元将包含在最终设计中，水印也就隐藏在抽象布局中。由于攻击者需要对排列单元进行大量的交换操作才能破坏水印，并且水印一旦被破坏，IP 也会被破坏，因此基于布局的水印技术能够有效防止篡改行为。

在物理设计中对网表进行布线时[16]，也可以加入约束，即基于布线的水印。首先从 IP 设计者获取签名，并将其转换为"水印网表"列表，随后从所有网表集合将其选择出来。每个水印网表按照错误方向布线的错误代价非常低，即可接受的错误布线长度是有限的。这使得水印网表在设计上有别于其他网表。水印网表随后被导入到 EDA 工具的布线协议中，通过计算每个水印网表的总线长（WL_{tot}）与错误方向线长（WL_{way}）的比值来识别水印网表，如果该比值小于给定阈值，那么可将其作为水印网表使用。基于布线水印的优点是：任何试图篡改网表布线的行为都会导致 IP 解决方案的质量比水印下降得更快。也可以使用其他约束（如导线宽度、间距和拓扑结构）代替基于布线的方法来将水印融入 IP 设计中。在另一种方法中，可以将签名转换为比特流水印。水印的比特流被嵌入到一组线性有序网表中[17]。如果某个网表的索引在比特流中被映射成"1"，那么采用偶数个弯线对其进行重新布线。如果是"0"，那么采用奇数个弯线重新布线。基于布线时不同弯线（奇偶不同）的系统将水印嵌入布局中，如图 10.4 所示。然而，基于布线的策略可能会将线路变成低效路径，导致线路串扰、性能下降，从而引起关注。

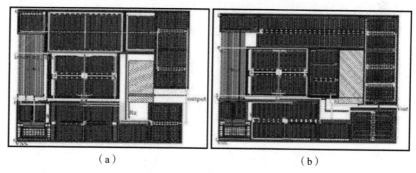

图 10.4　两级米勒运算放大器的非水印布线和水印布线[17]
（a）两级米勒运算放大器的非水印布线；(b) 水印布线。

3. 基于路径延时约束的水印

在该方法中，路径延时被设计为 IP 的一个约束。互连 RC 特性和布局规划等都可以作为延时约束。在给定路径延时约束的情况下,建议用子路径延时约束代替路径延时约束[13]。例如,以路径延时约束作为设计单元,假设 $t(C_1 \rightarrow C_2 \rightarrow C_3 \rightarrow \cdots \rightarrow C_{10}) \leq 50\text{ns}$,其中 C_i 表示设计中的单元。该延时约束可分割为 $t(C_1 \cdots \rightarrow C_5) \leq 20\text{ns}$ 和 $t(C_5 \cdots \rightarrow C_{10}) \leq 30\text{ns}$ 两个约束。分割路径延时约束是基于约束水印的一种,具有以下特点:在仅对原始问题求解时,能够同时满足原始路径和子路径约束的概率非常低。

4. 缓存-行着色

在处理器体系结构中,指令和数据高速缓存器占据了很大一部分硅面积,并且是影响系统延时和功耗等性能的重要元件。为了最大限度地减少高速缓存器结构中的缓存丢失率,采用了图着色技术,通过给图的两个相邻点着上不同颜色,从而使处理器缓存的页面总数最大化。通过"着色"物理内存地址,确保相邻的虚拟内存空间不会映射到主高速缓存器中的相同位置,从而缓解了高速缓存冲突的问题。代码到缓存的映射问题可以通过一个控制数据流图表示,进而简化为一个图着色问题进行处理。

针对图着色问题的水印设计可采用基于约束的方法实现。设计者的签名可通过私钥转换为一组约束(例如,二进制字符串),进而被设定为图着色问题中的附加节点。最终的代码-缓存映射将含有设计者签名[18]。图 10.5 给出了缓存行着色的水印示例。图 10.5 中嵌入了签名 $1998_{10} = 11111001110_2$,每一位对应于图中的一条虚线/边。恢复签名需要重构二进制字符串(约束),并用额外边重建新图。如果水印图的着色是重构图中的有效着色,那么签名验证成功。然而,上述水印技术很容易受到修改水印着色和提取设计者签名的攻击,这使得任何人都有可能声称自己为设计者[19]。

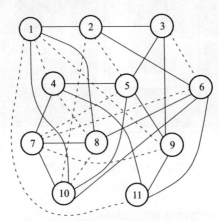

图 10.5 缓存行着色的水印示例[18]

10.4.2 附加水印

附加水印技术是指在设计中将签名嵌入到 IP 设计的功能核中，但又不同于基于约束的水印技术（修改 IP 核的功能）[20]。附加水印通常在预处理或后处理过程中被添加进 IP 设计的未使用部分（例如，未使用的查找表和端口）。该技术的缺点是：由于水印通常被添加进设计的未使用部分，因此可以在不影响 IP 功能的情况下移除水印。尽管如此，设计者还是会采用各种技术来掩盖水印，并使其看上去好像是 IP 核功能的一部分。附加水印技术是 FPGA 中常用的水印技术。

1. FPGA 物理层水印设计

水印可应用于 FPGA 的可重构逻辑布局中。FPGA 由若干 CLB（可编程逻辑块）组成，每个 CLB 又由多个触发器和 LUT（查找表）组成。在 FPGA 设计中，只有部分 CLB 会被使用。每个未使用的 CLB 中都存在若干可用查找表，每个查找表都能保存一位或几位数据信息。如果可用位数较多，就可在 FPGA 物理设计中融入设计者签名[21]。为了实现这一设计，首先，读取网表和签名，再使用供应商提供的标准工具对未使用的网表进行布线，并确保其有足够的空间融入签名；然后，通过加密和纠错码等方式对签名进行处理，以确保签名即使被篡改也能保持完整性；最后，使用安全哈希函数将处理后的签名编码到可用查找表中。尽管这个过程十分简单，但在 FPGA 设计的物理层上植入水印会造成较大的面积和时间开销。水印 LUT 可能会影响正常的单元布线，并且由于这些额外元件已经成为 FPGA 设计的一部分，因此整个设计所占空间会明显增加。此外，水印中的某个 LUT 有可能碰巧被放置在关键路径上，从而导致额外的延迟。

另一种在 FPGA 物理层设计中融入水印的方法是，将水印融入到 CLB 输出的控制位中[22]。CLB 的输出通常由多路复用器单元控制。类似 Xilinx4000 系列的 FPGA 单元具有四输出 CLB，如图 10.6 所示。X 和 Y 是组合逻辑设计的输出，YQ 和 XQ 是时序逻辑设计的输出。组合逻辑输出由两个 2-1 型多路复用器控制，每个多路复用器都有一个控制位。时序逻辑输出中两个控制位用于 4-1 型多路复用器，3 个控制位分别用于 3 个 2-1 型多路复用器。如果 CLB 处于未使用状态，那么总计 (2×1)+(2×2)+(6×1) = 12 个控制位可用于对签名进行编码。签名编码的过程非常简单。FPGA 设计工具用于对 FPGA IP 设计进行扫描，并查找未连至任何外部 CLB 互连的 CLB 输出。各控制位按顺序依次插入至多路复用器控制位。水印的提取过程也是如此：FPGA 设计工具对 IP 架构进行扫描，查找所有未使用 CLB 的输出，以从多路复用器的控制位中提取水印。由于该策略处于后处理阶段，因此不存在性能或面积开销。水印大小仅受未使用 CLB 可用输出位数的限制，该位数在任何 FPGA 设计中通常都较多。但是，该水印本身属于 IP 的非功能性部分，因此很容易受到逆向工程技术的攻击。然而，FPGA 比特流的保密性在很大程度上保证了控制位水印的安全，从而能够抵御逆向工程攻击。

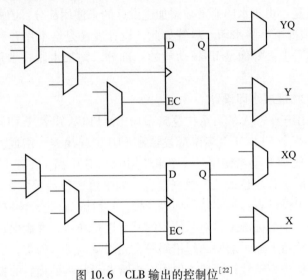

图 10.6 CLB 输出的控制位[22]

10.4.3 基于模块的水印

基于模块的水印主要是以 HDL 代码的形式实现软 IP 的保护。在安全性方面，由于硬 IP（例如，GDS Ⅱ 文件）很难被逆向工程或篡改技术攻击，因此最安全。但是硬件 IP 对性能进行了严格的优化，并且采用的是特定硅工艺，灵活性较差，相反，软件 IP 就更为灵活，并且在某些情况下，软件 IP 用户可以对其进行修改以实现进一步优化，应用也就更加广泛，但同时其安全性引起了关注。例如，基于布局/布线和路径延时等的硬件 IP 水印策略不适用于软件 IP。最重要的是，类似混淆策略的传统源码水印策略不适用于 HDL 代码。该策略使得程序难以理解，但又不影响其正常运行。由于业界为提高 IP 可重用性对 HDL 进行了标准化，该策略也就不再有效。因此，需要采用其他方法来生成软件 IP 中的水印。

1. 模块复制

在 Verilog 代码中，一些基本的功能模块常被相同或更高层的模块多次调用。这些重复实例化的模块可以采用不同方式编码以实现相同功能，这就是模块复制的基础。在模块包含"不关注因素"的情况下,可以为这些"不关注因素"分配不同的值,以便从同一模块创建出多个模块。在没有"不关注因素"的情况下,可以采用不同的方式简单实现该模块。例如,为了确保综合工具在优化过程中不删除重复模块,可以考虑采用模式检测器检测二进制序列"1101"。图 10.7 给出了序列检测的状态转移图。模式检测器的 Verilog 模块可以采用有限状态机(代码 A)或移位寄存器(代码 B)设计,两种模块作用相同:如果出现二进制序列"1101",就输出"1";否则输出"0"。随后构建一个单独模块(代码 C),如果选择有限状态机模块,就输出"1"。如果选择移位寄存器模块,就输出"0"。最后,根据每个模块被调用的次数设计签名。模块复制可以在现有的 HDL 代码中实现,绕过了综合工具,因此任何试图逆向 HDL IP 的攻击者都难以区分重复的模块。值得注意的是,多次复制模块会在 IP 设计[23] 中造成很大的面积和性能开销。

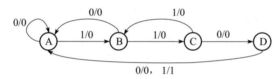

图 10.7 二进制序列"1101"检测的状态转移图

代码 A:模式检测器的有限状态机实现[23]。

```
module detector_0 (clk, reset, dataIn, out);
   input clk, reset, dataIn;
      output out;
      reg out;
      reg [1:0] currentState, nextState;
        always @(dataIn or currentState) begin
         case (currentState)
          2'b00: begin
            nextState = (dataIn == 1) ? 2'b01 : 2'b00;
            out = 0;end
          2'b01: begin
              nextState = (dataIn == 1) ? 2'b10 : 2'b00;
            out = 0;end
          2'b10: begin
            nextState = (dataIn == 0) ? 2'b11 : 2'b10;
               out = 0;end
          2'b11: begin
            nextState = 2'b00;
            out = (dataIn == 1);end
        endcase
    end
```

```
    always@(posedge clk) begin
        if(~reset) begin
            currentState <= 2'b00;
            out <= 0;
        end
        else currentState <= nextState;
    end
endmodule
```

代码 B：模式检测器的移位寄存器实现[23]。

```
module detector 1 (clk,reset,dataIn,out);
    input dataIn,clk,reset;
    output out;
    reg out;
    reg [3:0] pattern;
    always@(posedge clk) begin
        if( reset) begin
            pattern = 0;
            out = 0;end
        else begin
            pattern[0]=pattern[1];
            pattern[1]=pattern[2];
            pattern[2]=pattern[3];
            pattern[3]=dataIn;
            if(pattern==4'b1101) out=1;
            else out=0;
        end
    end
endmodule
```

代码 C：模块检测器[23]。

```
module P;
    reg clk, reset;
    reg data1,data2,data3;
    wire out1, out2, out3;
    detector_0 d1(clk, reset, data1, out1);// signature bit 0
    detector_1 d2(clk, reset, data2, out2);// signature bit 1
    detector_0 d3(clk, reset, data3, out3);// signature bit 0
    ... ... ...
endmodule
```

2. 模块分割

对于包含较大模块的 HDL IP，大模块可以分割为几个较小的模块[23]。图 10.8 显示了模块 M(X, Y, Z) 如何被分割为模块 A(X_1, Y_1, Z_1) 和模块 B(X_2, Y_2, Z_2)。模块 A 从 X_1 处输入并产生水印输出 W、部分输出（Y_1）和部分测试输出（Z_1）。模块 B 接收输入 X 和水印输出 M，而整个模块 M 的实际输出 Y 和 Z 为组合输出。A 和 B 的组合输出与模块 M 的输出完全相同，从而保证了模块功能的正确性。为了恢复水印，将 X 输入到模块 A，并观察水印信号 W。由于水印是 IP 功能设计的一部分，因此综合工具不会将其移除，其开销也不会像模块复制 IP 那么大。但是，该方法会增加设计的复杂性。

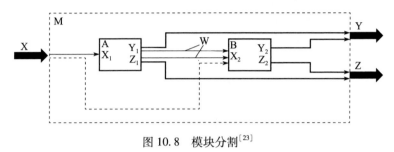

图 10.8　模块分割[23]

10.4.4　基于功耗的水印

该方法从 FPGA 单元的功耗模式中提取签名，并在 FPGA 单元的电源引脚处检测水印[24]。FPGA 单元的功耗可以分为两类：静态功耗和动态功耗。静态功耗来自 CMOS 晶体管的泄漏电流；而动态功耗来自晶体管的翻转活动，此时晶体管电容不断充放电，并在时钟边沿处产生短路电流。在这种瞬态活动下，FPGA 核心电压会随着相继产生的故障和过载不断波动。因此，FPGA 上电源引脚的电压-时间关系图将显示出时钟频率或其分频。为了利用功耗嵌入水印，可以在 FPGA 架构中加入移位寄存器等功耗元件。移位寄存器可由工作频率与 FPGA 不同的组合逻辑或独立时钟控制。在对 FPGA 电源引脚信号进行重复采样和解码后，其频谱分析中会出现两个峰值：工作频率和独立时钟的特定频率。当大功率元件在时钟控制下被当作水印嵌入 FPGA 时，后一峰值出现。然而，组合逻辑产生的时钟抖动可能会使水印频率难以检测。

此外，基于功耗的水印技术也可利用振幅实现。类似移位寄存器的功耗元件可用于产生时钟，但仍以工作时钟作为时钟源。基于签名的附加控制逻辑可实现以下功能：每当逻辑为"1"时，移位寄存器就输出一位；否则不输出。之后，通过监控 FPGA 的电源引脚得到随时间变化的电压曲线，再将该曲线上一系列高低振幅设计为水印，如图 10.9 所示。

以上两种水印方法都具有无损性，无须了解 FPGA 的配置比特流文件以及外部线路，但会产生较大的功耗开销。此外，基于功耗的水印技术还会受到某些攻击[25]。攻击者可能通过访问抽象层对 FPGA IP 进行逆向工程攻击，并完全移除基于功耗的水印电路。例如，上述移位寄存器。因此，水印仅与 FPGA

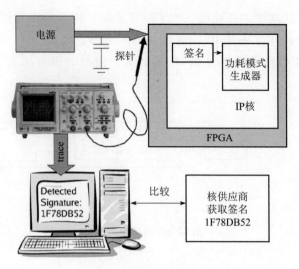

图 10.9 通过功率分析验证水印[24]

处于同一安全级别。基于功耗的水印技术也需关注信噪比（SNR）这一点。攻击者通过向 FPGA IP 中添加额外元件以降低信噪比的方式增加水印的识别难度。

10.5 总结

本章提出了 IP 重用的概念，并提出了保护硬件 IP 完整的必要性。本章还讨论了几种不同的硬件 IP 水印添加方法，可以为设计者提供身份证明。虽然大多数水印策略都比较安全，但仍然有可能受到某些类型的攻击。约束型水印的安全性仅与转换签名的密钥相关。一旦攻击者获取该私钥，就可以很容易地窃取 IP 设计。基于 CLB 的 FPGA 水印策略可以通过 FPGA 上未使用的引脚跟踪到未使用的 CLB，或者通过置零 CLB 的多路复用器控制位达到移除水印的效果。另一个威胁可能来自"幽灵"签名，第三方可以声称 IP 设计中不存在设计者水印，但实际存在；或者实际不存在，但又声称存在。该类攻击可以通过从水印问题解集中计算出输入模式来实现。因此，现有水印技术需要更多的安全措施保护。例如，可将水印按较小规模分布在 IP 任意位置上，而非单一区域，或者在设计过程中分层构建水印。此外，奇偶校验也可用来确保水印没有被篡改。约束型水印应融合其他技术来降低人们猜测或推导出幽灵签名的可能性。由于水印只能在诉讼过程中作为设计者所有权的证明，而不能"主动"抵御逆向工程或克隆 IP 等攻击行为，并且一旦被攻击成功，IP 的关键信息和秘密信息都将可能被窃取。因此，无论水印的防篡改性能和安全性能多强，或者设计者所有权的证明多充分，水印也都是"被动的"。第 11 章将讨论 IP 保护的主动方法。

参考文献

[1] A B Aeroflex Gaisler. LEON3-FT SPARC V8 Processor, Data Sheet and User's Manual, Aeroflex Gaisler AB Std. , Rev. Version 1. 9, January 2013.

[2] A T Abdel-Hamid, S Tahar, E M Aboulhamid. IP watermarking techniques: survey and comparison, in Proceedings. The 3rd IEEE International Workshop on System-on-Chip for Real-Time Applications, 2003 (IEEE, 2003), pp. 60–65.

[3] S Sikand. IP Reuse-Design and Verification Report 2013, Design Reuse, Verification Reuse and Dependency Management, IC Manage, Inc. , Tech. Rep. , 2013.

[4] B Shakya. Protection of Semiconductor Chip Products, 17 USC, 901–914 (1984), http://copyright. gov/title17/92chap9. htm.

[5] R Torrance, D James. Reverse engineering in the semiconductor industry, in IEEE. Custom Integrated Circuits Conference, 2007. CICC' 07, Sept 2007, pp. 429–436.

[6] R N Das, V R Markovich, J J McNamara Jr. et al. Anti-tamper microchip package based on thermal nanofluids or fluids, Oct. 16 2012, US Patent 8,288,857.

[7] R Chakraborty, S Bhunia. HARPOON: An obfuscation-based SoC design methodology for hardware protection. IEEE Trans. Comput. Aided Des. Integrated Circ. Syst. 28(10), 1493–1502 (2009).

[8] M Brzozowski, V Yarmolik. Obfuscation as intellectual rights protection in VHDL language, in 6th International Conference on ComputerInformation Systems and Industrial Management Applications, 2007. CISIM' 07, June 2007, pp. 337–340.

[9] R Chakraborty, S Bhunia. RTL hardware IP protection using key-based control and data flow obfuscation, in 23rd International Conference on VLSI Design, 2010. VLSID' 10, Jan 2010, pp. 405–410.

[10] N Couture, K Kent. Periodic licensing of FPGA based intellectual property, in IEEE International Conference on Field Programmable Technology, 2006. FPT 2006, Dec 2006, pp. 357–360.

[11] E Peterson. Developing Tamper Resistant Designs with Xilinx Virtex-6 and 7 Series FPGAs," Xilinx, Tech. Rep. XAPP1084 (v1. 3), Oct 2013.

[12] Virtual Socket Interface Alliance. Intellectual Property Protection White Paper: Schemes,

Alternatives and Discussion Version 1.0, Virtual Socket Interface Alliance Std., September 2000.

[13] A Kahng, J Lach, W Mangione-Smith, et al. Constraint-based watermarking techniques for design IP protection. IEEE Trans. Comput. Aided Des. Integrated Circ. Syst. 20(10), 1236–1252 (2001).

[14] G Qu, L Yuan. Secure hardware IPs by digital watermark, in Introduction to Hardware Security and Trust, ed. by M. Tehranipoor, C. Wang (Springer, New York, 2012), pp. 123–141.

[15] E Charbon. Hierarchical watermarking in IC design, in Proceedings of the IEEE 1998 Custom Integrated Circuits Conference, 1998, May 1998, pp. 295–298.

[16] A B Kahng, S Mantik, I L Markov, et al. Robust IP watermarking methodologies for physical design, in Proceedings of the 35th Annual Design Automation Conference (ACM, 1998), pp. 782–787.

[17] N Narayan, R Newbould, J Carothers, et al. IP protection for VLSI designs via watermarking of routes, in Proceedings of the 14th Annual IEEE International ASIC/SOC Conference, 2001, 2001, pp. 406–410.

[18] G Qu, M Potkonjak. Analysis of watermarking techniques for graph coloring problem, in Proceedings of the 1998 IEEE/ACM International Conference on Computer-Aided Design (ACM, 1998), pp. 190–193.

[19] T Van Le, Y Desmedt. Cryptanalysis of UCLA watermarking schemes for intellectual property protection, in Information Hiding (Springer Berlin Heidelberg, 2003), pp. 213–225.

[20] D Ziener, J Teich. Evaluation of watermarking methods for FPGA-based IP-cores, University of Erlangen-Nuremberg, Department of CS, vol. 12, 2005 222 10 Hardware IP Watermarking.

[21] J Lach, W H Mangione-Smith, M Potkonjak. Signature hiding techniques for FPGA intellectual property protection, in 1998 IEEE/ACM International Conference on Computer-Aided Design, 1998. ICCAD 98. Digest of Technical Papers (IEEE, 1998), pp. 186–189.

[22] A B Kahng, J Lach, W H Mangione-Smith, et al. Watermarking techniques for intellectual property protection, in Proceedings of the 35th Annual Design Automation Conference, ser. DAC' 98 (ACM, New York, NY,USA, 1998), pp. 776–781. [Online]. Available: http://doi.acm.org/10.1145/277044.277240.

[23] L Yuan, P R Pari, G Qu. Soft IP protection: Watermarking HDL codes, in Information Hiding(Springer Berlin Heidelberg, 2005), pp. 224–238.

[24] D Ziener, J Teich. FPGA core watermarking based on power signature analysis, in IEEE International Conference on Field Programmable Technology, 2006. FPT 2006 (IEEE, 2006), pp. 205–212.

[25] G Becker, M Kasper, A Moradi, et al. Side-channel based watermarks for integrated circuits, in 2010 IEEE International Symposium on Hardware-Oriented Security and Trust (HOST), June 2010, pp. 30–35.

第 11 章
非可信制造商/组装商的未授权/不合格 IC 的预防

第 10 章讨论了随着 IP 重用而出现的 IP 盗版方面的挑战。近年来的另一个趋势是多数半导体公司转型为无制造厂的商业模式。过去，一个公司可以完全控制产品从设计到制造/组装的全过程。然而，现代 IC 制造成本极其高昂，使得大多数半导体公司被迫将其设计的制造环节外包给制造厂。这种横向商业模式要求其与非可信第三方共享设计，由此导致了诸多有据可查的威胁，如 IC 盗版/克隆、IC 超量生产、不按规定发货、芯片测试不充分，以及植入硬件木马[1-8]。供应链中出现此类芯片会给关键应用带来灾难性后果。

如第 2 章所述，克隆芯片和超量生产的芯片可能不像正版芯片那样经过全面的测试。未做提防的关键系统（运输、国防等）使用这些芯片后容易失灵，并可能引发重大问题。此外，克隆芯片和超量生产芯片可能会减少 IP 所有者的利润，损害其声誉。不合格/有缺陷的芯片也会引发类似问题。

本章重点关注 IC 盗版/克隆、超量生产，以及采购不合格/有缺陷芯片等问题。

首先，讨论与无制造厂模式相关的问题。

然后，描述为保护半导体公司和 IP 所有者免受 IP 盗版、超量生产、克隆而提出的方法。与第 10 章相反，这些方法当中的许多是"主动的"，因为其修改了原始设计。该方式可保护 IP/IC 免受上述威胁，而非简单地证明 IP 所有权。

最后，讨论康涅狄格安全分离测试（CSST）。该技术可预防非可信晶圆/组装厂发出不合格/有缺陷的 IC，并可预防克隆和超量生产的 IC。在 CSST 中，测试期间锁定每个芯片及其扫描链，只有 IP 所有者才能解释锁定测试结果，并解锁通过测试的芯片。IP 所有者还能控制解锁的 IC 数量。通过该方式，CSST 可以防止超量生产芯片、有缺陷芯片，乃至克隆芯片流入供应链。

11.1 无制造厂业务模式

IC 的制造包括一系列复杂且敏感的步骤。制造 IC 的行业称为晶圆制造厂。晶圆生产需要昂贵、维护良好的完全不受污染的设备和空间，以避免造成产出大量不合格晶片的灾难性后果。如果晶片制造有误，后续无法补救。集成电路（IC）的工艺尺寸持续降低，复杂度持续上升，显著增加了半导体工业的制造成本。例如，技术节点从 32nm 到 28nm 增加了 40%的额外制造成本[4-6,9]。建造新的半导体晶圆制造厂耗资巨大，并且需要大量的经常性维护成本[4-6,10]。据报道，一个制造厂仅维护费用，每个芯片成本就达到了 50 美元。

20 世纪 90 年代之前，晶圆并不昂贵，所有半导体公司都拥有自己的制造厂。半导体经济变化引起半导体生态系统发生了变化，使得多数半导体公司关闭其制造厂[10]，将其芯片制造业外包，从而降低每个 IC 的成本。这种外包模式被称为无晶圆制造商业模式。在此模式下，半导体公司从其他制造厂购买晶圆产能。由于这些外包晶圆产能通常位于海外，因此导致 IP 所有者对 IC 制造控制能力降低，并增加了脆弱环节。

图 11.1 显示了整个 IC 供应链和漏洞，包括设计、制造、组装和分销。设计公司的内部设计团队使用第三方供应商提供的 IP 和第三方设计工具的组合创建新的 IP 模块。设计综合并且通过验证后，IP 所有者为其创建 GDSⅡ（图形数据库系统Ⅱ）布局，并将布局、测试模式和正确的测试响应提供给合约制造商。之后，IP 所有者与制造商在 IC 制造/组装过程中通常很少交互。制造厂针对布局开发出价格高昂的掩模，运用光刻法制造 IC。制成后，在制造现场或其他第三方测试设施中测试晶片运行是否正确[6]。晶圆上不合格的晶片用永久性墨水标记，从晶圆上收集晶片时将其舍弃。通过测试的晶片发送给组装厂，将其封装然后再次测试。通常，封装 IC 应直接由组装厂发送到市场或 IP 所有者的供应商。组装厂应当按照 IP 所有者要求，将指定数量的合格 IC 发送到市场。

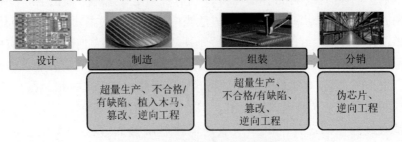

图 11.1 整个 IC 供应链和漏洞

11.2 无制造厂供应链的脆弱性分析

IP 开发的成本高昂，使得参与 IC 制造和测试的各方都有可能利用所有者提供的 IP 获利。GDS Ⅱ 文件包含整个 IP 设计[4,6]。制造厂中的非可信实体可以篡改 GDS Ⅱ。非可信的制造厂也可能超量生产（生产多于合同约定数量的 IC），并将不合格/有缺陷的 IC 投向市场（未经过严格测试或根本未测试）。组装时也可能发生类似情况。

转换为这种横向商业模式和运用非可信的第三方对行业、政府和消费者的影响较大。伪 IC 可能会对关键应用的安全性和可靠性产生严重威胁。该问题可能危及生命，并对创新、经济增长和就业产生不利影响，受到了政府和工业界的极大关注。接下来，本章将重点关注以下伪造类型，并给出应对建议。

（1）超量生产。在横向商业模式中，非可信的晶圆制造厂/组装厂可能超过合同约定数量生产芯片，并在灰色/黑色市场上销售超量生产的 IC。此类行为主要受到经济利益的驱使，制造厂无须像 IP 所有者那样产生巨额的 IP 开发成本，因此可以获得巨额利润[3-5,11]。

（2）克隆。克隆是在未获得合法 IP 的情况下所进行的未授权生产。克隆可以通过 IP 盗窃、间谍刺探或逆向工程来实现。逆向工程[12-13] 可用于恢复未知的 IC 规格，并以之复制生产 IC。例如，逆向工程可以通过研究 IP 的掩模数据来完成。通过晶体管级网表和门级抽象将掩模数据转换为功能模块数据。

（3）不合格/有缺陷。非可信制造厂或组装厂进行的 IC 测试是否准确无从保证，甚至可能根本不进行测试。这些缺陷芯片在很多应用场景下功能正常，使得很难从供应链中将其找出。非可信制造厂、组装厂和其他第三方可能故意用不达标或有缺陷的部件提高产量或在公开市场上出售。任何系统中使用了这些元件，其质量和可靠性都会受到严重威胁[3-5,8,14]。

11.3 背景

11.3.1 相关研究

针对非可信制造厂的 IC 盗窃、克隆和伪造等行为，研究人员开展了广泛研究。面向 FPGA 的主动计量、逻辑混淆、源代码加密和比特流加密等技术是当前应对这些攻击的主要解决方案[9,15-22]。这些方案大多依赖于组合逻辑和/或有限状态机（FSM）块的"加密"，以其建立锁定机制[15-17,19-22]。锁定机制下，只有特定输入向量（即唯一的密钥）才能为新 IC 解锁，以使其正常工作。为实现此目的，需要在主设计中插入额外逻辑块，只有通过有效密钥才能解锁。例如，添加一组额外的有限状态以锁定 FSM（有限状态机），只有有效输入序列才能将修改后的 FSM 带入正常工作模式下的正确初始状态。

主动计量[15-16,20-21] 允许 IP 所有者远程锁定和解锁每个 IC。锁定机制通常利用物理不可克隆函数（PUF）为每个 IC 生成唯一 ID。只有 IP 所有者拥有转换表，并可以据此作为 ID 来解锁 IC。在 EPIC[21] 中，每个 IC 由随机插入的 XOR 门锁定。只有应用合法密钥（有效解锁 IC），XOR 门才会透明化①。运用该技术，需要由 IP 所有者、制造厂为每个 IC 生成一组公钥/私钥。该方法的主要目标是使得 IP 所有者具备打乱 IC 正确行为的能力，从而控制给定数量的 IC 进入市场。

11.3.2 挑战

上述技术仅解决了部分 IC 伪造问题，即非可信制造厂的攻击，并且彻底忽略了非可信组装厂带来的问题。上述主动计量技术的目的是防止生产伪造品。然而，这些技术不能从源头上杜绝不合格/有缺陷 IC，因其测试之前需要激活。IP 所有者在知晓 IC 是否存在缺陷且符合规格要求之前，必须为 IC 提供"密钥"。这将允许非可信制造厂装运/出售有缺陷或不合格的 IC，而这些 IC 已由知识产权所有者激活。此外，制造厂可以声称 IC 的成品率很低，向 IP 所有者申请超过所需数量的密钥。由此可见，制造厂仍可在一定程度上超量生产，并将更多的可用（无缺陷）IC 投放到市场上。负责将 IC 封装、测试和运送到市场的组装厂也可重复类似操作。此外，无法保证非可信制造厂或组装厂正确执行 IC 测试，甚至根本不进行测试。这些缺陷部件在多数情况下可能表现正常，很难从供应链中找出。总而言之，前述方法存在一定缺点，可能允许非可信制造厂/组装厂将克隆 IC、超量生产 IC 和不合格/有缺陷 IC 投放市场。

11.4 康涅狄格安全分离测试

11.4.1 概述

通常，IP 所有者向制造厂提供 GDS Ⅱ 文件、测试模式及其响应之后，基

---

① 译者注：任何值与 0 进行 XOR 的结果仍为其自身；与 1 进行 XOR 的结果等于对其取反。因此，当 XOR 门的解锁输入为 0 时，其输出等于被锁定的输入信号。此时，XOR 门表现为透明状态。

本不再与其 IC 交互。待测晶片离开制造厂后，被发送至组装厂并再次进行测试。通常，IC 直接从组装厂发送到市场或 IP 所有者的合约供应商。IC 组装厂有义务按照 IP 所有者所要求的数量将合格 IC 发送到市场。在此背景下，康涅狄格安全分离测试（CSST）使得 IP 所有者重新控制这些流程，无须亲自到制造厂或组装厂进行监督。

CSST 从两个方面解决非可信生产流程问题：①将 CSST 结构添加到原始设计中；②提供 IP 所有者与制造厂/组装厂的通信机制。通过添加的结构，锁定每个 IC，使其以独特方式干扰 IC 响应。结合通信协议结构，仅允许 IP 所有者检查测试响应，并确定哪些 IC 通过测试，哪些 IC 应该被丢弃。只有 IP 所有者确定组装后 IC 通过了必要测试后，IC 才会生效。此时，IP 所有者才将密钥发送给组装厂，以解锁 IC 并使其可用。IP 所有者拥有判定 IC 是否通过测试的权限和知识，并且为具备该能力的唯一实体。因此，通过 CSST 能够预防不合格/有缺陷 IC。如果 IC 处于锁定状态，其将无法正常运行，很容易从供应链中找出来。可以通过控制向制造厂/组装厂提供的密钥数量来预防超量生产（限制通过测试且为解锁状态的 IC 数量）。最后，也可预防克隆 IC，因为只有 IP 所有者才能提供正确的密钥来解锁（使用）IC；否则，IC 无法使用。

通过功能锁定和扫描锁定块来锁定和解锁 IC。功能锁定模块的目的是确保只有解锁的 IC 才能正常使用。扫描锁定块用于干扰测试响应，使得伪造者即使通过解锁的 IC 也无法确定其正确测试响应。防止 IC 盗版的 CSST 的工作流程如图 11.2 所示，其详细步骤如下。

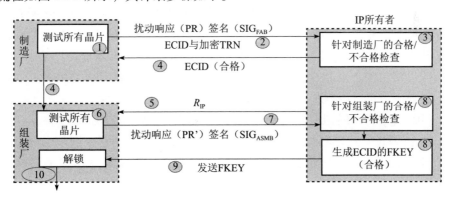

图 11.2 防止 IC 盗版的 CSST 的工作流程

（1）在制造厂，晶片中的每个 IC 均产生一个真随机数（TRN），并将其存储在内部一次性可编程（OTP）器件中。功能锁定块用 TRN 来锁定功能，扫描锁定块用 TRN 在 IC 内部扰乱扫描链输出。对于每个 IC 而言，TRN 值唯一，并且对不同 IC 导致不同扰动响应。每个 IC 使用 IP 所有者的公钥对 TRN 进行内部加密，并将加密后的 TRN 输出给制造厂。由此，制造厂/组装厂不知道唯一 TRN 值，也就阻止了其猜测 IC 的正确响应。

（2）制造厂将测试模式应用于每个晶片并收集以下信息：所有晶片的电子芯片 ID（ECID）、加密后的 TRN（密文）以及基于扫描链扰动输出生成的签名。将这些信息发送给 IP 所有者。

（3）利用上述信息，IP 所有者确定晶片是否合格。按照以下流程。首先，使用 IP 所有者的私钥解密 TRN。注意，由于此密钥仅为 IP 所有者所知，因此只有 IP 所有者才能确定每个晶片的 TRN。然后，IP 所有者计算与该 TRN 相关的签名。最后，IP 所有者将计算的签名与制造厂发送的签名进行比较。具有与 IP 所有者签名相匹配的那些晶片可判定为无故障。

（4）制造厂根据 IP 所有者的反馈为合格晶片做标记，然后将晶片发送到组装厂。由组装厂切割晶圆、封装芯片并重新进行测试。

（5）IP 所有者向组装厂发送随机数（R_{IP}），以调整测试输出。此步骤可防止组装厂不对 IC 进行测试，而是重放通过测试 IC（从制造厂或未封装前获得）的正确扰动响应发送给 IP 所有者。

（6）组装厂将随机数应用于测试 IC，并在测试后接收相应的响应。由于 IP 所有者所生成的数随机，其响应与制造厂的响应不同。

（7）组装厂将扰动响应的签名与相应的 ECID 一起发送给 IP 所有者，以供其做出决定。所有 IC 的数据均在单次对话中发送。

（8）IP 所有者检查每个 IC 的签名，并确定哪些芯片功能正确。IP 所有者生成密钥，以解锁通过测试的 IC。注意，这些密钥是步骤（1）中所生成的 TRN 和步骤（5）中所生成的随机数的函数，因此对每个 IC 都是唯一的。

（9）将包含合格晶片 ECID 及其相关密钥的单个消息发送给组装厂。注意，IP 所有者可以限制所发送的密钥数量，从而预防超量生产。

（10）组装厂/经销商使用由 IP 所有者发送的密钥（FKEY）（将其存储在另一个 OTP 中）以解锁合格 IC 的功能块。每个 IC 的密钥不同。未解锁的 IC 对于组装厂而言没有价值，因其无法正常工作，很容易从供应链中检测出来。

11.4.2 CSST 结构

CSST 由功能锁定块和扫描锁定块组成。功能锁定机制确保只有解锁的 IC 才能正常工作，未解锁 IC 不会显露 IC 正常功能，以此来预防 IC 盗版。扫描锁定块确保非可信方无法扫描 IC 的测试结果，以挫败其修改、绕过或攻击 CSST 硬件的企图。即使 IC 已收到其功能密钥且功能正常，扫描锁定块也会阻止任何攻击者应用测试模式并观察 IC 的响应。

1. 功能锁定块

功能锁定块用于锁定 IC 的功能，以防止盗版 IC 和不合格/有缺陷的伪造 IC。基本上，锁定 IC 的运行方式与预期完全不同，从而使其很容易从供应链中被发现（如果为缺陷 IC），并且无法使用（如果为克隆 IC）。图 11.3 给出了 CSST 的功能锁定块结构。功能锁定块由 XOR_F 掩码组成，XOR_F 掩码是一系列 m 位随机插入 XOR、TRNG 和两个 OTP（OTP1 和 OTP2）的 3 输入门。

①XOR 掩码。XOR_F 掩码是一系列的 m 位 3 输入 XOR 门，并将其插入到原始电路的非关键路径中。XOR_F 具备 3 个输入端 IN0、IN1 和 IN2。IN0 连接到原电路路径，XOR_F 接收 m 位 IN1 和 IN2 的输入来修改电路。如果两个输入 IN1 和 IN2 相同，那么 XOR_F 掩码的这些特定部件的作用类似于缓冲器。如果两个输入 IN1 和 IN2 不同，那么 XOR_F 将充当反相器。这些 XOR_F 放入电路的位置决定了其影响电路的方式。将 XOR_F 放置在电路扫描寄存器的输入端。如图 11.3 所示，扫描寄存器输入端的随机 XOR_F 会在扫描寄存器捕获电路响应时将其取反。扫描寄存器输入处插入反向 XOR_F 的作用是一些扫描寄存器可能正在捕获电路实际响应的取反值。哪些寄存器受到影响由两个 m 位输入 IN1 和 IN2 所决定。该属性很有价值，因其意味着 IC 仍可进行测试，并且测试结果与输入 IN1 和 IN2 相关。IP 所有者了解 IN1 和 IN2 的值，也就知道应该取反哪些测试输出。找出正确的测试响应仅需简单进行位翻转，且测试时间开销可以忽略不计。

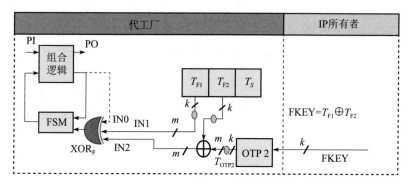

图 11.3 CSST 的功能锁定块结构

②真随机数发生器。研究人员已经设计了应用到 IC 中的多种真随机数发

生器（TRNG）。在数字电路中，TRNG 使用诸如时钟偏差、温度、电源噪声等物理现象作为熵源。即使攻击者可以访问设计，其也无法预测或采用算法生成真随机数（TRN）。TRNG 的一个重要品质是其不可预测的随机性。由于 TRNG 没有稳定性要求，因此它们通常比 PUF（物理不可克隆函数）更小，逻辑更简单。每个 IC 的 TRN 都不同，但在整个 IC 的使用寿命期内必须保持不变。然而，TRNG 每次访问时都会输出不同的 TRN，并且由于其对噪声、温度和老化敏感，每次激活 PUF 时，其不会提供稳定且唯一的输出[23-24]。为了解决该问题，TRNG 制造完成后第一次访问时，生成的 TRN 存储到一次性可编程存储器（OTP）或多晶硅熔线中。因此，XOR_F 输入 IN1 将直接连接到此存储器而不是 TRNG。运用 OTP 存储 TRN 解决了 TRNG 或 PUF 的不稳定问题，因为存储的值总是不变的。对于 m 位 XOR_F，掩码 IN1 必须是 m 位随机值。为了减小存储器的大小和面积开销，可以使用较小的 k 位随机值，然后将 k 位值重复 p 次以满足 m 位 XOR_F（$m = p \cdot k$）的需要。

③RSA 非对称加密。RSA 非对称加密算法是公钥加密系统，这种系统意味着加密和解密过程可使用不同的密钥执行。因此，采用经业界验证过的 RSA 算法的安全实现，该实现方式应用于很多与算法相关的安全标准中，如 PKCS#1 标准。在制造过程中，RSA 公钥嵌入到只读存储器的设计中，所有电路的公钥均相同。由于 RSA 的非对称性，使用相同公钥或允许制造厂读取公钥不会给 CSST 带来风险。文献 [28] 和 [29] 已经证明：通过 RSA 公钥计算其私钥与将 RSA 模数 n 分解为其素因子的复杂度相当。

④工作原理。TRN 存储在 OTP1 中，其在 IC 的生命周期内保持不变。TRN 分为 3 个部分：T_{F1}、T_{F2} 和 T_S。T_{F1} 和 T_{F2} 用于通过 XOR_F 锁定 IC 功能。当 XOR 另一输入为 0 时，其作用类似于缓冲器。当另一输入为 1 时，其作用类似于反相器。T_S 用于控制修改后的扫描锁定块中的置乱模块。3 输入 XOR_F 可对原电路值进行直接发送或取反，从而实现功能锁定。IN0 和 IN1 分别直接连接到电路路径和 T_{F1} 上。OTP2 初始值为 IP 所有者已知的全 0 或全 1。OTP2 的输与 T_{F2} 进行 XOR 并连接到 IN2。初始时，OTP2 的值全为 0 或全为 1。OTP2 内容与 T_{F2} 进行 XOR。因此，IN2 接收 T_{F2} 或 T'_{F2} 取决于 OTP2 中为全 0 还是全 1。根据 T_{F1} 和 T_{F2}，XOR_F 的作用类似于反相器或缓冲器。若 IN1 和 IN2 不同，则 IC 状态锁定。为了解锁 IC，IP 所有者采用使 IN1 和 IN2 值相同的方式发送 FKEY，使得 XOR_F 透明化。只有满足条件 $T_{OTP2} = FKEY = T_{F1} \oplus T_{F2}$ 后，FKEY 才能由 TRN 的 IP 所有者生成，FKEY 对每个芯片均唯一，且不会泄露任何与 TRN 相关的信息。注意，该设计中通过使用较小长度 k 的 T_{F1}、T_{F2}，以及 OTP2 广播 m 位 XOR_F p 次（$m = p \cdot k$，其中 p 是整数），以此来降低 OTP 大小。

2. 扫描锁定块

扫描锁定块用于干扰测试响应，使得伪造者即使根据解锁的 IC 也无法确定真实的测试响应。图 11.4 显示了扫描锁定块的结构。浅灰色块代表原设计的扫描链和实践中常用的测试结构，其余部分用于实现 CSST。测试数据需要克服自动检测设备（ATE）的限制。通过置乱块（SB）对扫描链的输出进行干扰，以便打乱功能锁定/解锁 IC 的响应。置乱块的输出通过 SO-XOR 块发送以进一步干扰输出。置乱块是电信和微处理器通信的重要组成部件。

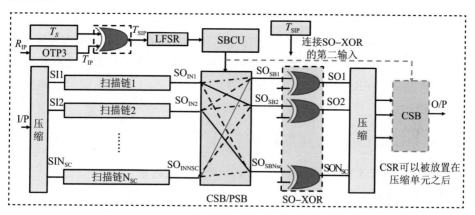

图 11.4 增强安全性的扫描锁定块

置乱块可以全部混合或部分混淆。完全置乱块（CSB）使得通过压缩电路得到的所有输入可以到达任意输出引脚。另外，部分置乱块（PSB）使得置乱块的输入仅与 N_{SB} 个不同输出连接。非阻塞式纵横交换器是置乱块的有力备选品，可以采用通道晶体管或传输门电路进行设计。安全强度取决于混淆块的类型。CSB 可提供最大安全性，但成本更高。此外，也可使用 PSB，综合考虑面积开销和期望的安全强度来调整 N_{SB}。

置乱块控制单元（SBCU）确保在置乱块（不管 CSB 还是 PSB）的输出端能找到所有输入。SBCU 的逻辑线路取决于 PSB 或 CSB 的结构和扫描链的数量（N_{SC}）。控制 SBCU 的 LFSR（线性反馈移位寄存器）的输出每个时钟周期均发生变化，并且取决于初始种子。$T_{SIP} = T_S \oplus T_{IP}$。该信息仅为 IP 所有者所知。$T_{IP}$ 是 OTP3 所存储的值。T_{IP} 被制造厂设置为全 0 或全 1。但在组装厂，IP 所有者发送一个独立于 IC 和 TRN 的随机数 R_{IP}。对于同一 IC 的组装厂和制造厂，LFSR 的初始种子 T_{SIP} 不同，因此 SBCU 执行不同的置乱操作。

CSB/PSB 的输出通过 SO-XOR 块发送，以增加另一层安全性。在扫描链中间输出 SO_{IN} 就绪之前，必须准备好置乱块。为了避免时钟失效，可以在负时钟边沿激活 LFSR，以便置乱块准备就绪，SO_{IN} 就可以通过该置乱块。SO-XOR 块由 T_{SIP} 控制。根据 SO-XOR 块中的 XOR 的第二输入，置乱块输出翻转或透明化。置乱块和 SO-XOR 块使得非可信制造厂和非可信组装厂无法确定正确的输出响应。

①SB 的替代放置方法。扫描链的大小随着门数和寄存器的增加而增加，而 ATE 的通道数有限。压缩电路，如 MISR，通常用于压缩扫描链响应以支持 ATE。CSST 中的 CSB 可提供最佳安全级别，但需要较大的空间。硬件成本随着 CSB 的规模降低而减少。例如，一个 10×10 的完全混淆纵横交换器需要 100 个传输门，而 4×4 的仅需 16 个。为了降低成本，同时降低对安全性造成的影响，CSB 可以放在压缩电路之后（称为替代位置）。$r:1$ 压缩电路可以减少置乱块 r^2 倍的面积。

11.4.3 CSST 的实验结果和分析

本节讨论 CSST 所实现的安全性及其对攻击的对抗能力。

1. 提高安全性

CSST 具有重要的安全功能模块，如可调锁定块。CSST 针对锁定和解锁的 IC 设计了两层安全性。第一层由置乱块组成，该置乱块基于 LFSR 种子 T_{SIP}，以不同的方式重新排列每个测试模式下扫描链的输出；第二层包含 MISR 和原始扫描链输出之间的 XOR。可以权衡安全性和成本对 CSST 的第一层和第二层进行调整。置乱块可以是 CSB，以获得最高安全性，但成本最高。置乱块也可以是具有可变 N_{SB} 的 PSB。较小的 N_{SB} 减少了可能的排列数量，也就降低了安全性。后续将研究最大限度降低成本的 SB 设计方法。对两个 CSST 之间第二层的 XOR 数进行调整。下面我们将通过实验获取不同参数所带来的安全度。

汉明距离（HD）是分析安全强度的常用指标。表 11.1 和 11.3 中给出了实际响应与来自修改后扫描锁定块响应之间的平均汉明距离比（%HD）。约为 50% 难以预测，安全性高，而约为 0% 或 100% 时易于预测。该 IC 综合实现了 ISCAS'89 的测试基准 s38417 和 ITC'99 的测试基准 b19。结果表明，不管 IC 的大小如何，修改的扫描锁定块都会干扰其实际响应。s38417 和 b19 分别具有 10 个和 50 个扫描链。通过混淆块和 SO-XOR 块增强了 CSST 的安全性。

第 11 章 非可信制造商/组装商的未授权/不合格 IC 的预防

表 11.1 SO-XOR 块中不同数量 XOR 的汉明距离比较
($N_{SB}=N_{SC}/2$，即所有扫描链的 50%通过置乱块）

N_{SO-XOR} (10%~50% of NSC)		%HD					
		CSST		压缩前的 SB $N_{SB}=N_{SC}/2$		压缩后的 SB	
s38417	b19	s38417	b19	s38417	b19	s38417	b19
1	5	9.06	9.91	29.29	38.18	42.87	43.76
2	10	19.66	13.61	40.01	43.69	46.41	48.12
3	15	22.89	20.54	48.73	49.31	47.12	47.78
4	20	25.79	26.66	47.44	49.31	49.31	48.89
5	25	36.36	36.43	50.03	49.31	50.03	50.00
6	30	46.46	39.87	45.63	50.00	49.31	48.89
7	35	47.44	43.69	47.44	49.31	50.03	50.00
8	40	49.31	48.89	50.03	50.00	50.03	50.00

表 11.2 对于 $N_{SO-XOR}=N_{SC}/2$ 压缩，在替代位置上以不同压缩比 r 对完全置乱 CSST 的%HD 分析

基准	s38417		b19	
压缩比，r	2	5	5	10
%HD（制造厂）	42.04	44.59	48.41	49.04
%HD（制造厂，组装厂）	28.17	36.47	39.82	42.04

表 11.3 对于 $N_{SO-XOR}=N_{SC}/2$ 压缩，CSST 中不同置乱块的汉明距离分析

基准	s38417				b19			
NSB	2	3	5	10	5	10	25	50
%HD（制造厂）	42.04	44.59	50.03	50.03	48.07	48.84	49.31	50.00
%HD（制造厂，组装厂）	28.17	36.47	39.82	42.04	31.84	37.81	44.59	48.41

表 11.1 显示了置乱块在 CSST 中的有效性。结果表明，对于 $N_{SB}=N_{SC}/2$，汉明距离与理想值之间（50%）存在很大偏离。SB 的位置影响整个系统的安全性。SB 可以放置在扫描链和压缩电路之间，或者压缩电路（替代位置）之后，以减少面积开销。结果表明，鉴于混淆块的有效性，替代位置的 SB 可以提供更好的汉明距离。

表 11.2 显示了对于不同压缩比例的 MISR（多输入签名寄存器），将 SB

置于替代位置的效果。将 SB 置于替代位置可提供高质量的安全性和较低的面积开销。改变 SO-XOR 区块中 XOR 的总数，$N_{\text{SO-XOR}}$，以分析 SO-XOR 块的有效性。结果表明，不同的测试基准需要不同的 $N_{\text{SO-XOR}}$ 值。

表 11.3 显示了置乱块和 R_{IP} 的有效性。结果表明，$N_{\text{SB}}=10\%$ 时，N_{SC} 可以达到理想的汉明距离。由于 IP 所有者提供的信息为随机数 R_{IP}，即使同一个晶片在制造厂和组装厂也具有不同的响应。表 11.3 的最后一行表明，制造厂和组装厂在同一个 IC 的响应之间具有明显的汉明距离。CSST 的置乱块通常占用较大面积，但通过调整 SO-XOR 块和置乱块可以达到较高的安全性。表 11.1~表 11.3 表明，通过激活 PSB 和部分 SO-XOR 块可以实现具有最小面积的理想安全性。结果表明，$N_{\text{SB}}=50\%N_{\text{SC}}$ 且 $N_{\text{SO-XOR}}=$ 其他 N_{SC} 的 50%，可确保最大安全性。

2. 攻击分析

综上所述，CSST 显著提高了 IC 供应链的安全性。值得探讨的是，可以对此技术进行哪些攻击，CSST 能够提供何种程度的安全性。可能的攻击包括：①对设计进行攻击（直接攻击）；②修改网表的攻击（篡改攻击）；③试图欺骗 IP 所有者或防范技术的攻击（规避攻击）；④试图移除 CSST 块的硬件攻击（移除攻击）；⑤解锁 IC 攻击。

（1）直接攻击。CSST 能够较好地防御直接攻击。每个 IC 需要密钥才能进入全功能状态。从硬件角度来看，很容易使用某一输出引脚来表明 IC 是否处于全功能状态。找到使 IC 进入全功能状态密钥的问题等同于绕过 RSA 的问题。试图绕过该技术的攻击者有两种选择：①随机生成的密钥，希望从中找到适用于已知 TRN 的密钥；②分解公开模数，以期自行计算得到私钥。事实证明，这两种攻击都很困难。第一种方式需要数十亿次迭代，因为长度为 x 的密钥具有 2^x 种可能性；第二种攻击相当于攻击尚未破解的 RSA，这种攻击极其困难。

（2）规避攻击。试图绕过 CSST 的攻击无法彻底击败本技术。如果攻击者了解电路中的哪些 XOR_F 和 SO-XOR 已被所使用的密钥/TRN 组合所激活，那么攻击者可以确定哪些响应已被翻转。攻击者可以更改所获得的响应，以使 IC 通过测试。该攻击可在 3 个阶段完成：①在制造厂；②在组装厂；③同时在制造厂和组装厂。如果攻击发生在制造厂，那么不良 IC 将被发送到组装厂，在那里运用相同 TKEY 进行相同测试。此时，IC 将会失效，则 IP 所有者知道应丢弃该 IC。此外，IP 所有者知晓制造厂向组装厂发送了失效 IC，将会对其可信性亮起红牌。如果攻击发生在组装厂，那么 IP 所有者能够知道结果被更改，因为制造厂运用相同 TKEY 进行了相同测试。制造厂和组装厂之间的结果不匹配可以检测到对 IC 的攻击，而 IP 所有者将不会为该 IC 发送最终 FKEY。

在制造厂和组装厂之间串通的第三种情况下，运用相同的 TKEY 无法阻止攻击。但是，如果将不同的 TKEY 分别用于制造厂和组装厂，那么攻击者必须弄清楚 TKEY 之间的差异，以便知道要更改哪些输出。如前所述，此任务复杂度与破解 RSA 相当，对于长密钥而言是不可行的。

（3）篡改攻击。攻击者可能试图改变来自 TRNG 的布线，直接转到 RSA 的输出，绕过激活 IC 所需的 RSA 解密。不可否认这种攻击可能会破解系统；然而，设计中的各个部件通常与设计一起进行综合和优化，以混淆各部件及其功能（例如，生成扁平化网表），而非分别定义各个部件。综合时，XOR_F 掩码也可隐藏在设计中。为了防止攻击者计算出 XOR_F 掩码的位置，也可使用其他门或门的组合（NAND、NOR 等）来代替 XOR。使用其他门不会改变 CSST 的设计或其有效性，但可使攻击者几乎无法找到属于 CSST 的门。混淆使得查找单个 CSST 部件变得困难，有助于防止攻击。然而，尤其需要注意的是，对线网进行重布线或者绕过 XOR_F 掩码的攻击高度复杂，如需要具备高技术背景、访问设计文件的能力、电路功能的基本知识、消耗大量资源和时间。这些苛刻的条件表明，要对元件进行篡改并不容易，而目前超量生产或销售有缺陷的 IC 则要简单得多。

（4）移除攻击。制造厂可能会尝试移除本技术所需的部分或全部硬件。究竟会移除多少硬件取决于其对 IC 逻辑设计的了解程度。例如，他们不能盲目移除任何输出连接到寄存器输入的 XOR 门；他们必须知道 XOR 门是否为 XOR_F 掩码的一部分。为了篡改或移除 TRNG 块、RSA 模块的攻击者必须非常仔细地设计，以避免被检测到。这种做法实际上非常困难，因为本技术运用了基本计量方法，要求制造厂必须将每个 IC 上报给 IP 所有者，并由 IP 所有者提供 IC 工作密钥。改变 TRNG 或 RSA 工作方式的攻击还必须避免与 IP 所有者进行通信，因为 TRNG 和 RSA 块会直接影响测试时的扫描输出。

（5）解锁 IC 攻击。解锁 IC 的 CSST 具有较强的抗攻击能力。由于扫描锁定模块的存在，IC 制造商无法通过解锁 IC 运行测试向量来确定响应。某些扫描链的输入已使用 CSB 进行翻转，因而，攻击者无法从解锁 IC 中获得任何信息。

（6）涌流和移位攻击。涌流测试用于查找扫描链中的任意缺陷。在涌流测试时，将所选定的涌流模式（如 11001100 或 111111，或者 000000）移位输入到扫描链，并期望其输出同种模式。攻击者可能会尝试移入全 0 或全 1，以获得扫描锁定块（特别是 T_S）的功能，但 CSB 和 PSB 使其几乎不可能。

（7）图同构攻击。Liu 和 Wang[9] 描述了这种潜在攻击可能会揭示锁定机制。但是，在 CSST 中，攻击者并不知道逻辑网络的功能，由于扫描锁定块的存在，攻击者无法获取测试的正确响应。另一种潜在的攻击是，非可信制造厂发送随机加密的 TRN，以获取正确响应的信息。然而，一旦 IP 所有者接收到错误 TRN，其判定 IC 未通过测试。几次尝试后，该制造厂/组装厂被视为成品率低，也就损害了其声誉。

（8）OTP 攻击。攻击者可能会将 OTP 值更改为全 0 或全 1，以使 XOR_F 透明化。为了防止此类攻击，可通过随机插入 XOR 和 XNOR 来实现 XOR_F 块。为了防止扫描链中的此类攻击，LFSR 也可以用上述方式进行设计，即对于全 0 输入，不输出全 0，且可以使用 XOR 和 XNOR 来构建 SO-XOR 块。

3. 开销与覆盖范围

（1）覆盖分析。由于增加了电路，IC 可能引入额外的故障。在 RSA 上进行的故障模拟表明，该电路仅需 960 个随机模式可以实现 95.83% 的测试覆盖率。这些结果表明，在内置自测试（BIST）模式下，IC 所使用的相同随机测试可用于测试 RSA，并获得高故障覆盖率。注意，通常建议采用 BIST 来测试安全 IC 中的加密硬件，因其可在测试应用基础上提高安全性。对于 TRNG，不需要进行测试来检测其故障。TRNG 的目的是生成随机值，并存储在存储器中。TRNG 中的任何故障都不重要，因为其输出随机。故障发生后，XOR_F 掩码将在每个 XOR 中引入 4 个故障。由于 XOR_F 掩码插入扫描寄存器的输入端，即在组合逻辑的输出端，这些故障非常容易观测到。这表明它们最接近捕获其响应的扫描寄存器，易于检测。

（2）测试时间开销分析。由于 IP 所有者和制造厂/组装厂之间进行简单通信，因此 CSST 不需要额外的测试时间。整个过程也很容易实现自动化。

（3）面积开销。可按如下方式计算面积开销。如果公钥 K_{pub} 的长度也是 k 位，那么 RSA 可以取 k 位输入，并提供 k 位输出。RSA 加密的带宽和速度高于 RSA 解密，且面积开销更少。修改后的功能锁定块要求 m 位 XOR_F，其中 $m=p \cdot k$，p 为整数。k 位 T_{F1} 和 k 位 T_{F2} 以及 k 位 T_{OTP2} 中的每个需广播 p 次，以连接形成 m 位 XOR_F。基于环形振荡器的 TRNG 易于实现，并且无须随着 k 的增加而添加额外电路。LFSR 的大小取决于置乱块的大小，置乱块的大小取决于 N_{SB} 和扫描链的总数 N_{SC}。对于 CSB 而言，$N_{SB}=N_{SC}$。对于 PSB，$N_{SB}<N_{SC}$。SBCU 的大小取决于 N_{SC} 和置乱块的结构。

表 11.4 给出了 CSST 的面积开销。结果表明，CSST 面积开销是 N_{SB} 和 N_{SC} 的强关联函数。置乱块、LFSR 和 SBCU 的大小取决于扫描链的数量 N_{SC}。修改后的扫描锁定块的主要开销是置乱块和 SBCU。通过在压缩电路之后放置 CSB 可以减少面积开销。将 CSB 放置在替代位置的面积开销取决于压缩电路的压缩比。压缩修改结果表明，如果将 CSB 放置在压缩电路之后，那么面积开销会显著降低。

表 11.4　CSST 的面积开销

m	CSST/%	压缩前的 SB			压缩后的 SB	
		$N_{SB}=10$/%	$N_{SB}=100$/%	$N_{SB}=1000$/%	$r=50$/%	$r=100$/%
1024	0.0222	0.0366	0.1365	1.1355	0.0244	0.0366
2048	0.0233	0.0377	0.1376	1.0366	0.0255	0.0377
5192	0.0266	0.04	0.1399	1.1389	0.0289	0.04
10240	0.0322	0.0466	0.1576	1.5762	0.0344	0.0466

11.5　总结

　　IC 生产横向商业模式的出现导致了供应链中出现了新的漏洞。设计进入制造厂/组装厂阶段后，设计公司对制造厂/组装厂做哪些或不做哪些事基本没有控制权。因此，如果不检验，非可信制造厂和组装厂可能会超量生产 IC，以及生产有缺陷/不合格 IC 和克隆 IC。为了打击 IC 盗版，并解决设计公司与制造厂/组装厂之间的信任问题，引入了硬件计量等对策。这种技术要求制造厂/组装厂生产的 IC 由设计公司进行"解锁"。遗憾的是，这些技术在制造厂/组装厂测试之前已经为芯片解锁。因此，设计公司无法真正控制进入供应链的（无缺陷或有缺陷的）IC 的数量。然而，CSST 技术通过允许设计公司验证和核查 IC 功能来解决所有 IP 盗版问题。通过将诸如功能锁定块和扫描锁定块等结构集成到 IC 的设计中，并实现有效的通信流程，设计公司可以查看 IC 在制造厂/组装厂中的测试，并决定 IC 是否合格。除了 IP 所有者，没有人可以区分合格/不合格的晶片，并解锁传递中的芯片。那些没有通过测试，并保持锁定的芯片在供应链中很容易找出来。此外，与既有方法相比，CSST 在对抗攻击/欺骗方面提供了更高的安全性，并提供了更多可调参数来扩展安全性。

参考文献

[1]　M Tehranipoor, H Salmani, X Zhang. Integrated Circuit Authentication：Hardware Trojans and Counterfeit Detection（Springer, New York, 2014）.

[2] U Guin, D DiMase, M Tehranipoor. Counterfeit integrated circuits: Detection, avoidance, and the challenges ahead. J. Electron. Test. 30(1), 9–23 (2014).

[3] U Guin, D Forte, M Tehranipoor. Anti-counterfeit techniques: from design to resign, in Microprocessor Test and Verification (MTV), 2013.

[4] M Rahman, D Forte, Q Shi, et al. CSST: An efficient secure split-test for preventing ic piracy, in North Atlantic Test Workshop (NATW), 2014 IEEE 23rd, May 2014, pp. 43–47.

[5] G Contreras, M T Rahman, M Tehranipoor. Secure split-test for preventing IC piracy by untrusted foundry and assembly, in Proc. International Symposium on Fault and Defect Tolerance in VLSI Systems, 2013.

[6] M Rostami, F Koushanfar, R Karri. A primer on hardware security: Models, methods, and metrics. Proc. IEEE 102(8), 1283–1295 (2014).

[7] U Guin, K Huang, D DiMase, et al. Counterfeit integrated circuits: A rising threat in the global semiconductor supply chain. Proc. IEEE 102(8), 1207–1228 (2014).

[8] M Rahman, D Forte, Q Shi, et al. CSST: preventing distribution of unlicensed and rejected ICs by untrusted foundry and assembly, in Proc. International Symposium on Fault and Defect Tolerance in VLSI Systems, 2014.

[9] B Liu, B Wang. Embedded reconfigurable logic for asic design obfuscation against supply chain attacks, in Design, Automation and Test in Europe Conference and Exhibition (DATE), 2014, March 2014, pp. 1–6.

[10] A Yeh. Trends in the global IC design service market, (2012) http://www.digitimes.com/news/a20120313RS400.html?chid=2.

[11] R Maes, D Schellekens, P Tuyls, et al. Analysis and design of activeicic metering schemes, in IEEE International Workshop on Hardware-Oriented Security and Trust, 2009. HOST' 09, 2009, pp. 74–81.

[12] R Torrance, D James. The state-of-the-art in ic reverse engineering, in Proceedings of the 11th International Workshop on Cryptographic Hardware and Embedded Systems, ser. CHES' 09 (Springer, Berlin, Heidelberg, 2009), pp. 363–381. [Online]. Available: http://dx.doi.org/10.1007/978-3-642-04138-9_26.

[13] I McLoughlin. Secure embedded systems: The threat of reverse engineering, in 14th IEEE International Conference on Parallel and Distributed Systems, 2008. ICPADS' 08, Dec 2008, pp. 729–736.

[14] U Guin, M Tehranipoor, D DiMase, et al. Counterfeit IC detection and challenges ahead. ACM/SIGDA E-Newsletter 43(3), (2013).

[15] Y Alkabani, F Koushanfar, M Potkonjak. Remote activation of ICs for piracy prevention and digital right management, in Proc. of IEEE/ACM International Conference on Computer-Aided Design, 2007, pp. 674–677.

[16] F Koushanfar. Provably secure active ic metering techniques for piracy avoidance and digital

rights management. IEEE Trans. Inform. Forensics Secur. 7(1), 51-63 (2012).

[17] R Chakraborty, S Bhunia. HARPOON: An obfuscation-based SoC design methodology for hardware protection. IEEE Trans. Comput. Aided Des. Integrated Circ. Syst. 28(10), 1493-1502 (2009).

[18] R Chakraborty, S Bhunia. Hardware protection and authentication through netlist level obfuscation, in Proc. of IEEE/ACM International Conference on Computer-Aided Design, November 2008, pp. 674-677.

[19] R Chakraborty, S Bhunia. Rtl hardware ip protection using key-based control and data flow obfuscation, in VLSID'10. 23rd International Conference on VLSI Design, 2010, Jan 2010, pp. 405-410.

[20] J. Rajendran, M. Sam, O. Sinanoglu, R. Karri, Security analysis of integrated circuit camouflflaging, in Proceedings of the 2013 ACM SIGSAC Conference on Computer & Communications Security, ser. CCS'13 (ACM, New York, NY, USA, 2013), pp. 709-720. [Online]. Available: http://doi.acm.org/10.1145/2508859.2516656.

[21] J. Roy, F. Koushanfar, I. Markov, EPIC: Ending piracy of integrated circuits, in Proc. on Design, Automation and Test in Europe, March 2008, pp. 1069-1074.

[22] A. Baumgarten, A. Tyagi, J. Zambreno, Preventing IC piracy using reconfifigurable logic barriers. IEEE Design Test Comput. 27(1), 66-75 (2010).

[23] G. Suh, S. Devadas, Physical unclonable functions for device authentication and secret key generation, in 44th ACM/IEEE Design Automation Conference, 2007. DAC'07, June 2007, pp. 9-14.

[24] M. Rahman, D. Forte, J. Fahrny, M. Tehranipoor, Aro-puf: An aging-resistant ring oscillator puf design, in Design, Automation and Test in Europe Conference and Exhibition (DATE), 2014, March 2014, pp. 1-6.

[25] M. T. Rahman, K. Xiao, D. Forte, X. Zhang, J. Shi, M. Tehranipoor, Ti-trng: Technology independent true random number generator, in Proceedings of the The 51st Annual Design Automation Conference on Design Automation Conference, ser. DAC'14 (ACM, New York, NY, USA, 2014), pp. 179:1-179:6. [Online]. Available: http://doi.acm.org/10.1145/2593069.2593236.

[26] B. Sunar, W. Martin, D. Stinson, A provably secure true random number generator with built-in tolerance to active attacks. IEEE Trans. Comput. 56(1), 109-119 (2007).

[27] RSA Laboratories, PKCS 1 v2.1: RSA Cryptography Standard, 2002.

[28] C. Mclvor, M. McLoone, J. McCanny, Fast montgomery modular multiplication and rsa cryptographic processor architectures, in Conference Record of the Thirty-Seventh Asilomar Conference on Signals, Systems and Computers, 2004, vol. 1, Nov 2003, pp. 379-384.

[29] Z. Keija, X. Ke, W. Yang, M. Hao, A novel asic implementation of rsa algorithm, in Proceedings. 5th International Conference on ASIC, 2003, vol. 2, Oct 2003, pp. 1300-1303.

[30] Y. Tamir, H. -C. Chi, Symmetric crossbar arbiters for vlsi communication switches. IEEE Trans. Parallel Distr. Syst. 4(1), 13-27 (1993).

[31] G. L. Miller, Riemann's hypothesis and tests for primality, in Proceedings of Seventh Annual ACM Symposium on Theory of Computing, ser. STOC'75 (ACM, New York, NY, USA, 1975), pp. 234-239. [Online]. Available: http://doi.acm.org/10.1145/800116.803773.

[32] D. Karaklajic, M. Kneževic, I. Verbauwhede, Low cost built in self test for public key crypto' cores, in 2010 Workshop on Fault Diagnosis and Tolerance in Cryptography (FDTC), Aug 2010, pp. 97-103.

第 12 章
芯片识别码

为了防止伪元件的广泛渗透，供应链中电子元件的可追溯性应受到更多关注。在全球化影响下，目前伪元件正在世界各地被制造和组装。因此，有必要对元件的来源进行追踪，以验证其制造商的真实性。美国机动工程师协会（SAE）所制定的航空航天标准 AS5553[1]中明确提到，用户应要求其供应商可追溯元件至原始元件制造商（OCM）。然而，元件的可追溯性通常受以下因素影响：①元件供应链具有高度复杂性；如供应链[2-3]中存在数以千计不同种类的元件，其类型（模拟、数字和混合信号）和尺寸（小型、中型和大型）各不相同；②全球各个国家的文化和国家利益不同，元件制造相关的规定也就有所不同；③元件追踪缺乏低成本的安全解决方案。元件上的标记很容易在伪元件上复制和重印。

可追溯性需通过唯一的识别码（ID）对整个供应链中各元件进行追踪。该 ID 可以标记在元件的晶片（晶片 ID）或封装（封装 ID）上。本章首先讨论使用物理不可克隆函数（PUF）的芯片 ID 及其挑战和局限性。随后，将介绍 4 种不同的封装 ID 以追溯电子元件：加密 QR 码、DNA 标记、纳米棒和涂层物理不可克隆函数（PUF）。然后，对这几种 ID 在伪元件检测方面的挑战和局限性进行描述。

12.1 芯片 ID 的一般要求

为了确保元件的真实性，必须按行业标准为芯片 ID 创建标记协议。芯片 ID 应由两部分组成：固定部分和可变部分。固定部分应包含元件类型及其来源的所有相关信息，如日期/批号、制造商 ID、原产国等（如 MIL-

PRF-38534H[4]，参见第3.9.5节）。可变部分应包含唯一识别号，以区分相同和/或不同类型的两个元件。为了有效区分出伪元件，芯片ID应满足以下标准。

（1）唯一性：衡量两个芯片ID之间的不相关或不相似性。理想情况下，在测试条件相同时，两个ID中的位差异概率为0.5。ID越唯一，元件供应链中两个或多个元件ID混淆的可能性越小。但由于ID的唯一性并不能防止芯片被复制或刻印，因此无法用于检测伪元件。然而，它确实在供应链中起到了唯一标识元件的作用。

（2）不可克隆性：衡量复制相同ID的难度。通过观测芯片ID无法生成另一相同ID，则该ID不可克隆。如果伪造者能够复制ID，那么该ID的多个副本很有可能被刻印在不同的伪元件上。由于未经检测的伪元件很有可能进入供应链，因此采用这些副本ID的后果很严重。ID的不可克隆性为元件提供了必要的抗克隆能力。

（3）可制造性：芯片ID创建应具有独立性。它不应影响元件的任何制造（制造和封装）步骤。ID的生成应与制造过程无缝集成。封装环节应可对加上ID标志的元件可靠性进行评估。

（4）可靠性：芯片ID在所有操作条件下都应可靠稳定，如温度、湿度、振动等元件特定操作条件。封装ID需能承受为相应设备类别所指定的温度变化。例如，对于军用级元件，标记应在$-55℃ \sim 125℃$范围内保持完好无损。该ID必须足够可靠，从而在元件的整个使用寿命期间保持不变。

（5）成本效益：芯片ID应具有成本效益，不应产生较大的额外费用；否则，由于元件供应链中庞大的元件数量（价值从几美分到数百美元不等），芯片ID就不会被普遍采用。

（6）易用性：芯片ID中的所有相关信息应易于识别和/或解码。例如，封装ID应可在供应链的任何环节采用简单的手持式测量仪器验证。

12.2 晶片ID

晶片ID生成技术是从电路中提取唯一的特征和参数以识别每个芯片，或者在制造和测试期间，以及之后将唯一ID嵌入到芯片中。传统方法包括将唯一ID写入不可编程存储器，如一次性可编程存储器（OTP）、ROM等，或者使用可外部编程的后期制造技术，如激光熔丝[5]或电熔丝[6]。然而，通过该方法生成的ID是静态的，并且容易受到不同的攻击，如克隆和篡改。为了解决这一问题，提出了物理不可克隆函数（PUF）来生成抗克隆和篡改的非静态

ID。在本节中,将简要描述用于生成晶片唯一 ID 的不同 PUF。

12.2.1 物理不可克隆函数(PUF)

指纹等随机物理特征对每个人来说都是独一无二的,很难删除/复制,长期应用在生物测定学中。PUF 类似于指纹,近年来应用越来越广泛。本质上,PUF 作为一种"硅指纹",可以唯一识别每个晶片/芯片。由于 PUF 设计在晶片内部,可将 PUF 生成的 ID 作为晶片 ID。

在文献 [7] 中,MIT 的研究人员首次提出将硅 PUF 作为识别 IC 的一种方法。由于制造过程存在工艺偏差,硅设计的每个制造实例具有略微不同的物理特征和性能特点。硅 PUF 是嵌入 IC 中的一种特殊电路,通过提取 IC 的随机特性生成唯一签名或标识符[8-10]。在讨论基本 PUF 结构的操作之前,有必要注意一些与 PUF 相关的术语。PUF 电路的输入和输出通常称为质询和响应,发出的质询及收到的响应被称为质询-响应对(CRP),所有 PUF 响应位称为 PUF 签名。

硅 PUF 的特性使其能有效对抗伪造攻击[10]。首先,由于晶片中的许多工艺偏差是随机的,因此 PUF 生成的唯一签名无法被克隆或复制,即便是制造商也不能做到这一点。因此,为了获得 PUF 签名,必须实际拥有包含 PUF 的集成电路。其次,PUF 技术可防篡改,因为任何对 IC 进行物理篡改的尝试都可能损害 IC 的物理特征并修改其相关性能特性。例如,如果攻击者试图通过微探针窃取 PUF 密钥,那么去金属化和延迟操作将会破坏或修改密钥,从而使攻击者空手而归。

12.2.2 PUF 结构

文献 [10] 讨论了两种主要类型的硅 PUF:基于延迟的 PUF 和基于存储器的 PUF。基于延迟的 PUF 使用竞争条件提取电线和门延迟变化,以生成 PUF 签名。例如,仲裁器 PUF[8]、环形振荡器(RO)PUF[9]和抗老化 RO-PUF[11]。基于存储器的 PUF 利用易失性存储器元件的随机设置行为生成 PUF 签名。例如,SRAM PUF[9]。接下来将详细描述仲裁器 PUF、RO-PUF 和 SRAM PUF。

1. 仲裁器 PUF

仲裁器 PUF[7]是在 IC 中实现的第一种硅 PUF。仲裁器 PUF 设置两条路径(对于相同的预期路径延迟进行对称设计),并使用竞争条件生成一位输出(响应)。两条路径同时输入同一脉冲。在路径的末端,"仲裁器"确定哪条路径赢得了竞赛。如果脉冲更快到达第一路径的输出,那么仲裁器输出逻辑 1

（高）；否则，输出逻辑0（低）。输出/响应取决于两条路径中存在的延迟，与制造过程中IC的变化相关。

仲裁器PUF的结构如图12.1（b）所示。每条路径由若干段组成，各段均包含一个开关电路。开关电路由两个MUX［图12.1（a）］组成，由一个质询位控制。质询位确定了每个开关中输入信号所经过的路径。例如，当质询位为逻辑0时，输入信号将沿着当前路径持续输出。当质询位为逻辑1时，输入信号切换路径。图12.1（c）给出了特定质询的路径。由于工艺偏差，开关内每条路径的延迟在集成电路之间都会有所不同。因此，通过两个选定路径的传输时间是随机的。路径末端的仲裁器通采用D锁存器实现。

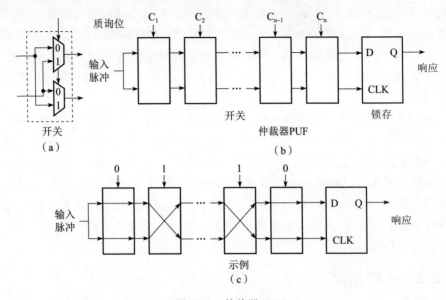

图12.1 仲裁器PUF

(a) 由质询位控制的多路复用器（MUX）构成的开关电路；
(b) 仲裁器PUF的结构；(c) 特定质询的路径。

虽然仲裁器PUF是文献中提出的第一种PUF，但通常在实践中很难获得鲁棒性强的仲裁器PUF。首先，为产生正确的响应，两条路径之间的延时差异必须满足D锁存器的设置时间和保持时间要求。其次，两条路径的布线必须完全对称，但这在现实中很难做到[12]，尤其是在FPGA中。如果布线不对称，PUF响应位就会偏向某个值（0或1）。最后，研究表明，简单的机器学习技术通过训练一定量的CRP之后，可以相对较高的精确度预测PUF对未知质询的响应[10]。由于仲裁器PUF的鲁棒性差，可能使攻击者在没有IC的情况下就能确定PUF对新质询的响应。

2. RO-PUF

RO-PUF 是一种基于延迟的 PUF 结构,比仲裁器 PUF 更易实现。RO 电路由奇数个反相器组成,如图 12.2 所示。RO 的振荡频率由其反相器的总延迟决定。由于工艺偏差,振荡频率存在一定的偏差且与 IC 相关。RO-PUF 通过对比两个或多个 RO 的振荡频率产生签名位。图 12.2[8] 显示了一个常见的 RO-PUF 架构。RO-PUF 包含固定数量的 RO,由于工艺偏差,每个 RO 预计会有略微不同的延迟/频率。对 RO-PUF 的质询(输入)选定两个 RO,比较其频率,响应位为 1 位:如果上部 RO 的频率高于下部 RO,那么为逻辑 0;如果下部 RO 的频率高于上部 RO,那么为逻辑 1。标准数字元件可用于获取选定 RO 的频率。例如,边沿检测器可检测输出振荡的上升沿,数字计数器可计算一段时间内的边沿数,比较器可比较两个 RO 的边沿(频率)总数。

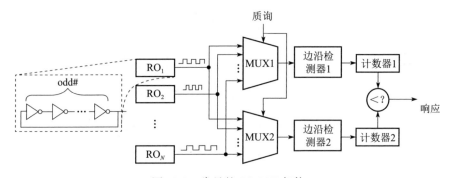

图 12.2 常见的 RO-PUF 架构

3. 抗老化环形振荡器(ARO)PUF

文献 [11] 提出了抗老化的 PUF 的概念。相对于传统 RO-PUF,该 PUF 的可靠性有所提高。类似于 RO-PUF,一对抗老化 RO(AROs)通过给定质询进行选择,比较后生成唯一的 PUF ID。虽然 ARO-PUF 的结构与 RO-PUF 相似,但所使用的 RO 结构不同。图 12.3(a)显示了 ARO 的结构。

IC 因老化而产生的退化可归因于负偏压温度不稳定性(NBTI)[13-14] 和热载流子注入(HCI)[15-16],分别常见于 PMOS 和 NMOS 器件(如第 3 章所述)。

IC 退化取决于阈值电压、输入应力(直流或交流)、尺寸、负载、工作温度和电源电压。当 PMOS 晶体管栅极输入"0"时,所产生的 NBTI 将引起退化,而输入为"1"时,则恢复部分 NBTI 引起的退化。然而,HCI 效应是由 NMOS 晶体管在"0"和"1"之间的翻转活动引起。在 PUF 响应生成期间,ARO 保持振荡模式[图 12.3(b)],并产生退化。由于该期间很短,由 NBTI 和 HCI 引起的 ARO 老化非常小。其余时间,ARO 保持在非振荡模式[图12.3(c)],所有PMOS晶体管的栅极都处于逻辑1,且反相器链中无翻转(无HCI)。

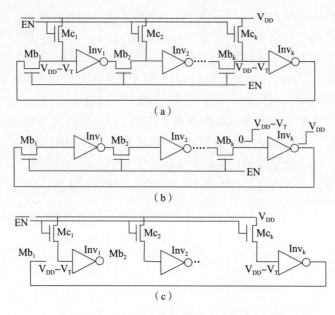

图12.3 ARO-PUF和工作模式中使用的RO
(a) ARO;(b) 振荡模式;(c) 非振荡模式。

4. SRAM PUF

一个SRAM单元可存储一位信息。典型的SRAM单元由交叉耦合反相器(M1、M2和M3、M4)和接入晶体管(M5和M6)组成,如图12.4所示。在常规操作期间,反相器驱动输出节点(图12.4中标记为A和A')至相反的逻辑值。当A,$A' = 0$,1V时,SRAM单元存储逻辑0,当A,$A' = 1$,0V时,SRAM单元存储逻辑1。接入晶体管用于重写或读取SRAM单元中包含的位。

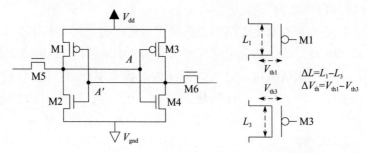

图12.4 SRAM单元和M1与M3(ΔL,ΔV_{th})之间的参数失配

SRAM 单元在复位时存在随机性：①当单元电源关闭（$V_{dd} = V_{gnd}$）时，进入非稳态，$A = A' = 0V$；②当单元重新通电时，从非稳态转变为两种稳态中的一种（低或高），该转变取决于单元中每个晶体管的参数（信道长度、信道宽度、阈值电压等）。由于工艺偏差，所有参数都存在随机性，且会导致电源复位后 SRAM 单元趋向于稳态。SRAM PUF 利用了一组 SRAM 单元的随机性。当 PUF 质询（输入）选择 SRAM 单元的某个子集来关闭电源时，其响应位即为重新通电时选定单元的结果逻辑值。

12.2.3 PUF 质量和度量

在许多实际应用中，PUF[17]有 3 个非常重要的属性。

（1）唯一性。为了将 PUF 签名作为一种标识，针对任一特定输入，任何两个 PUF 实例的响应都存在很大差异（在不同设备中）。唯一性的典型度量为平均间距[18]。

$$d_{inter}(C) = \frac{2}{k(k-1)} \sum_{i=1}^{k-1} \sum_{j=i+1}^{k} \frac{HD(r_i, r_j)}{m} \times 100\% \qquad (12.1)$$

式中：$HD(r_i, r_j)$ 为不同 PUF 的任意两个响应 r_i 和 r_j 之间对同一质询 C 的汉明距离；k 为待测样本中芯片/器件的数量；m 为每个响应的位数。最优 $d_{inter}(C)$ 为 50%。

（2）可靠性。由于时间变化，特定 PUF 实例对同一质询的响应可能会有所不同。然而，人们期望获得相对稳定的响应，以便 PUF 能够重新生成其密钥/标识符。可靠性的常见度量为平均内部间距，可通过收集不同操作条件（电源电压、温度等）下的响应样本计算得到[18]。

$$d_{intra}(C) = \frac{1}{s} \sum_{j=1}^{s} \frac{HD(r_i, r'_{i,j})}{m} \times 100\% \qquad (12.2)$$

式中：r_i 为质询 C 对 PUF 的标称响应；$r'_{i,j}$ 为相同质询和相同 PUF 实例的第 j 个 r_i 样本；m 为每个响应的位数。理想情况下，$d_{intra}(C) = 0$ 表示质询 C 的响应无变化（可靠性强）。

（3）不可预测性。由于 PUF 可生成 ID，PUF 响应应不可预测或随机，以确保其免受机器学习的攻击。文献中提出过几种不可预测性的度量方法。其中一种方法可确定机器学习攻击所构建的 PUF CRP 模型性能优劣[17]。更多规范度量指标可用于测量签名的随机性，如最小熵[19]和位混淆[18]。

12.2.4 硬件安全中的 PUF 应用

硅 PUF 及其相关签名便于 IC 识别和认证。IC 完成制造后，供应商可在注册阶段记录其 PUF 的质询-响应对。部署完成后，供应商可以在注册阶段通过任一质询验证 PUF，从而验证设备身份。由于每个 PUF 的响应唯一，并且只能在实际物理设备中测量响应，因此当返回的响应与注册阶段记录的响应相同时，设备身份为真。为避免重放（窃听）攻击，选定的质询应只用于识别设备一次[10]。PUF 也可应用于主动计量方案（参见第 11 章），以打击 IC 窃取、克隆和超量生产。

12.2.5 挑战与限制

（1）可靠性。可靠性是当今大多数 PUF 实现所重点关注的特性。对于一个给定质询，PUF 响应必须在环境变化较大、环境噪声和老化较严重的情况下保持恒定。在 RO-PUF 中，给定质询从一组 RO 中选择一对，并比较其频率以产生一位响应。由于环境变化和老化影响，不同 RO 的退化程度不同。

图 12.5 说明了环境变化和老化对 RO-PUF 可靠性的影响。在 RO-PUF 中，可以比较通过给定质询选定的一对 RO 的频率。通过分析图 12.2 中的两个 RO（RO1 和 RO2），可得到响应的单个比特。如果 RO1 的频率始终高于 RO2 的频率，那么无论环境变化和老化如何，该对 RO 总会产生一个可靠的比特，即称为稳定对，如图 12.5（a）所示。图 12.5（b）显示了一个比特如何操作条件不满足时或器件老化一定程度后翻转。在 0 时刻，RO1 比 RO2 快，响应位为 1。然而，设备使用一定年限后，RO1 变得比 RO2 慢，响应变为 0，即位翻转。众所周知，时间变化（电压供应的变化、温度的变化、老化）会影响性能，而在其他 PUF 中也发现了类似的可靠性问题，如仲裁器 PUF[20]和 SRAM PUF[21]。

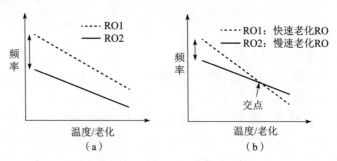

图 12.5 RO-PUF 的可靠性问题
(a) 稳定；(b) 不稳定。

（2）元件类型。如今，供应链中很大一部分元件由在产或过时元件构成。在产元件采用原有固定设计制造。过时元件因 OCM 可能不再存在或者可能采用了更新设计而不再生产。以上情况再无机会添加任何额外的硬件来创建晶片ID。此外，供应链中的大多数元件属于小型模拟和混合信号类别，向晶片添加额外的 PUF 硬件会显著增加晶片面积，因此也不可行。

（3）实施成本。实施成本是指晶片上实施防伪措施所需的面积。对于 RO-PUF，生成 n 位响应，至少需要 $(n+1)$ 个 RO[22]。然而，RO 的实际数量远高于此[11]，ARO-PUF 情况相同。此外，RO-PUF 采用两个计数器和一个比较器实现。仲裁器 PUF 需要 n 个多路复用器和一个锁存器，以产生 n 位响应。对于小型数字 IC 而言，无论是 RO-PUF 还是仲裁器 PUF，所需晶片面积都很重要。SRAM-PUF 仅限于那些具有 SRAM 的 IC。此外，所有 PUF 均需纠错电路（ECC 解码器和编码器）来产生无误差的 PUF 响应。

（4）维护成本。实施 PUF 的成本包括安全数据库中质询-响应对的存储和维护，以及前述面积开销。RO-PUF 和 ARO-PUF 至少需要 $n \cdot \log_2(n+1)$ 位质询以产生 n 位响应，其中 $\log_2(n+1)$ 表示多路复用器的选择位。仲裁器 PUF 需要 $n \cdot k$ 位质询以产生 n 位响应，其中 k 表示开关部件数。此外，需要在数据库中存储多个质询，以避免重放（窃听）攻击，一个质询仅能使用一次[10]。例如，如果生成一个 128 位的 ID，并将 100 个这样的 ID 存储在 IC 的数据库中，RO-PUF 需要 129 个 RO。假设在仲裁器 PUF 中有 64 个开关部件，那么两者所需存储空间分别为 $100 \times 128 \times \log(129)$ bits = 89.74kbits（适用于 RO-PUF）和 $100 \times 128 \times 64 = 8$kbits（适用于仲裁器 PUF）。可见，存储上百万个 ID 所需空间会非常大。

12.3　封装 ID

基于上述挑战和限制，需要寻找其他创建 ID 的方法。由于封装 ID 在设计或制造过程中不需要任何修改，因此更适用于在产、过时、小型和混合信号元件的标识。下面将简要描述创建唯一封装 ID 的所有可能技术。

12.3.1　加密 QR 码

快速响应码[23-24]属于二维矩阵条形码，是一种光学标签，广泛应用于产品跟踪、产品识别和其他文档管理中。快速响应码的优势在于：可以采用简单的手持设备从多个方向对其扫描，如智能手机[25]。

图 12.6（a）显示了 QR 码的结构。QR 码是由置于白色背景上的黑色方块组成，每个方块代表输入文本的相关信息。随着存储在 QR 码中字符的增加，方块尺寸减小［图 12.6（b）］，相机分辨率有限的智能手机很难正确识读

变化后的 QR 码。目前，根据 QR 码可容纳数据符号信息量的大小，存在 40 种不同的 QR 码版本可供选择。

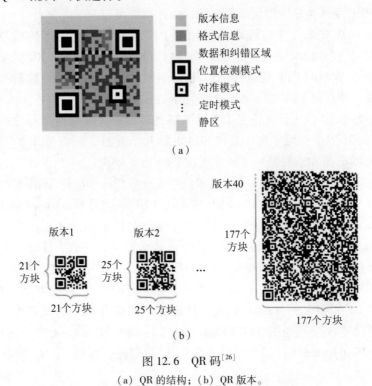

图 12.6　QR 码[26]

(a) QR 的结构；(b) QR 版本。

文献 [27] 中提出了一种采用光子计数加密技术的认证方法，该技术采用相位编码的 QR 码实现。IC 封装上的标记被转换成光学编码的 QR 码。采用基于光子计数的全相双随机相位加密技术对 QR 码图像进行加密[28]，以防止伪造者复制信息。之后，采用基于哈夫曼编码[29]的迭代压缩技术对光子计数加密图像进行压缩，以缩小 QR 码尺寸。需要注意的是，任何商用智能手机都可以轻松扫描较低版本的 QR 码。

商用智能手机通过扫描 QR 码对加密的扫描数据进行解压缩和解密，从而轻松实现身份验证。类似非线性相关滤波器的图像识别算法，可用于验证针对原始图像的解密图像，从而实现身份认证。

12.3.2　DNA 标记

DNA，如植物 DNA，可作为元件封装的唯一标识，即对电子元件进行标记，以便在整个元件供应链中对其跟踪。植物 DNA 可打乱后生成新的唯一基

第 12 章　芯片识别码

因序列，再与涂料（inks）融合。在封装结束时，将涂料涂到 IC 封装上。图 12.7 给出了 ADNAS 公司提取和应用 DNA 的签名方案。最近，DOD 强制要求[31]在元件上添加 DNA 标记，以便在整个供应链中实现元件跟踪。

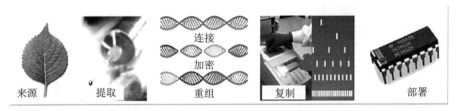

图 12.7　ADNAS 公司提取和应用 DNA 的签名方案[30]

DNA 标记的唯一性可有效防止元件 ID 被复制。与其他标记技术不同，DNA 标记无法被模拟、复制和/或再现。任何通过回收过程将 DNA 标记从封装删除的尝试，都会将其损坏。封装上所应用的 DNA 标记是有序的，在遭受打磨或顶部涂黑/重修的回收处理中，要么被损坏，要么被新材料覆盖。伪造者无法重用从元件中收集的受损 DNA。图 12.8（b）~（d）给出了针对回收过程的保护措施。

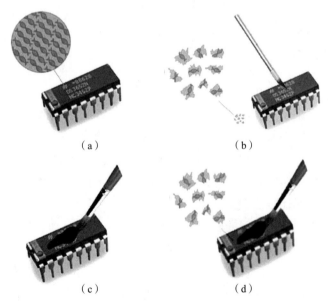

图 12.8　针对回收过程的保护措施[32]

（a）原始 DNA 标记；（b）通过打磨去除 DNA 标记；
（c）用新材料将 DNA 标记顶部涂黑；（d）重用 DNA 标记。

ADNAS的防伪认证（CPA）程序旨在跟踪整个供应链中的正品元件。OCM使用红色正品标记，而合法授权的经销商和分销商则分别使用绿色和黄色标记。图12.9给出了CPA程序。元件认证过程包括：首先检查涂料在紫外线下是否发荧光，再将拭子上的涂料样本发送到ADNAS实验室以验证该DNA是否在有效序列数据库中[33]。

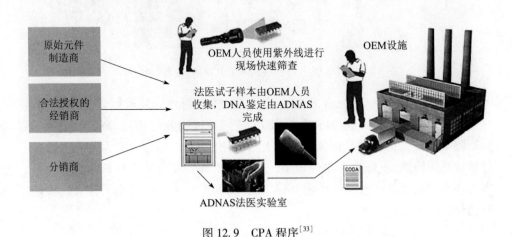

图 12.9　CPA 程序[33]

12.3.3　纳米棒

IBM公司的研究人员采用简单印刷工艺在元件表面引入了金纳米棒[34]。该技术采用长度小于100nm的纳米棒组成的纳米阵列生成微观图案。每次重复该过程所产生的图案都相同，但每个纳米棒的精确角度和长度都会发生变化，因此每组纳米棒都不相同。纳米棒阵列形成后，使用专用打印机将其打印到芯片上。表面有金纳米棒的芯片可通过将其每个纳米棒的整体图案和视觉特性与数据库进行对比以实现认证。

除了纳米棒，IBM公司的研究人员还利用红色、绿色和蓝色荧光球体创造了不同的图案[35]。图12.10显示了一幅荧光显微镜图像（通道叠加），它由直径为$1\mu m$的荧光聚苯乙烯球体组成，这些球体按照角反射器阵列布置。在图12.10中，即使单个粒子的位置已知，球体颜色也无法预测。由于可能的颜色组合数量相当多，因此不可能再产生相同的彩色阵列。

图 12.10　由直径为 $1\mu m$ 的荧光聚苯乙烯球体组成的荧光显微镜图像[35]

12.3.4　电容（含涂层）PUF

文献 [36] 中介绍的电容（含涂层）PUF，也可以用于创建封装 ID。在涂层 PUF 中，可从钝化层正下方金属传感器阵列和钝化层顶部涂层的电容测量中生成 ID，该涂层包含许多具有不同介电常数的随机分布粒子。

图 12.11 显示了文献 [36] 中提出的涂层 PUF 的结构。金属线网以梳状结构布置在 IC 钝化层的正下方。梳状结构之间及其上方空间中填充有磷酸铝涂层。涂层掺杂有不同尺寸和形状的随机介电粒子，并且具有与涂层基质不同的介电常数。但与 12.2.1 节中 PUF 不同，涂层 PUF 未在硅晶片中应用，因此不属于晶片 ID。

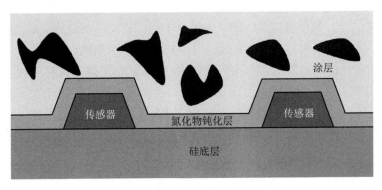

图 12.11　涂层 PUF 的结构[36]

12.2.1 节指出采用 PUF 认证 IC 分两步：注册和验证。在注册期间，随机选择有限数量的输入组合（质询），采集相应的 PUF 输出（响应）并存储在数据库中。在验证期间，一个或多个之前登记的质询被应用于 PUF，之后将相应质询的响应与注册期间所存储响应进行比较。如果响应在某个阈值内与正品 IC 对应的响应相匹配，那么该 IC 被认证为正品。

在涂层 PUF 中，质询应与施加到涂层基质两端且具有特定频率和振幅的电压相匹配。不同位置的电容随电介质粒子密度变化而变化。不同位置的电容被转换成一个比特串，作为唯一晶片 ID 使用。研究表明，这种结构能够可靠地生成长度在 $100bits/mm^2$ 数量级的 ID。

12.3.5 挑战与限制

现有封装 ID 生成技术面临着一系列挑战。根据 12.1 节所讨论的封装 ID 要求，表 12.1 对所有不同技术进行了比较。对各种技术的效果进行评估时可将其得分划为高、中、低 3 个级别。

表 12.1 不同 ID 的评估

ID	可靠性	唯一性	不可克隆	工艺水平	成本效益	易用性
QR 码	未验证	中	中	未验证	未验证	高
DNA 标记	低	低	低	低	低	中
纳米棒	未验证	高	高	未验证	未验证	中
涂层 PUF	未验证	高	高	未验证	未验证	中

该类技术应重点关注可靠性的问题。元件封装上 QR 码的可靠性还没有得到验证，并且尚未得到半导体行业的认可。纳米棒和涂层 PUF 的情况也是如此。文献 [32] 的作者提到，DNA 标记不仅在 250℃ 以下是稳定的，而且在紫外线、X 射线和 Y 射线下同样稳定，并且通过了溶剂测试。

由于在元件的封装上添加 QR 码[27]采用的是光学加密，其所代表的封装 ID 应该是唯一且不可克隆的。涂层 PUF 和纳米棒的唯一性也很高。通过检查 DNA 标记在紫外光下是否存在，可实现对 DNA 标记进行简单鉴定。由于伪造者只需要模仿标记的材料就能产生相同颜色的光[37]，因此很容易对其攻击。可见，DNA 的权威认证需在实验室进行，并且相当耗时。因此，只适用于抽样检测。

工艺水平是当前需要关注的另一个主要问题。当今，上述 4 种技术没有一种能完全满足整个半导体行业的大量需求，而且也没有对其生成标记的成本进行验证。根据 SIA[37]，由于 DNA 标记实施时更改长期稳定的制造流程，因此会大大增加总制造成本。同一份报告还提到，DNA 标记没有经过目前半导体工业的标准可靠性鉴定和故障诊断。从易用性的角度来看，通过智能手机，QR 码技术提供了更广泛且方便的认证渠道。

12.4 不同伪造类型的芯片 ID 限制

封装 ID 和晶片 ID 面临一系列限制和挑战。最值得注意的是，ID 的不可克隆性提供了针对某些伪造类型的保护，但并不包括所有类型。下面将详细描述如何使用晶片 ID 和封装 ID 来检测和避免不同的伪造类型，并重点分析针对每种伪造类型，ID 使用时可能存在的挑战。

（1）回收：晶片 ID 不能用于检测回收的 IC，但封装 ID 可以。当伪造者通过打磨或其他工艺去除封装上的旧标记，重新处理表面并用新标记重新标记封装时，回收 IC 可被检测发现。由于标记不可克隆，伪造者无法复制相同的 ID。然而，如果伪造者跳过去除旧标记的步骤，就检测不出回收 IC。

（2）重标记：只要 ID 与品级、制造商等信息关联，不可克隆 ID 就可以检测出重标记 IC。封装 ID 的标记一旦被移除，就不可恢复。因此，可以通过封装 ID 检测出重标记 IC。

（3）超量生产：由于超量生产的 IC ID 没有在 OCM 的数据库中登记，因此可被检测出来。但是，未授权的制造厂仍然可以在设计公司不知情的情况下出售这类 IC。

（4）缺陷/不合格：由于该类 IC 可能具有有效的 ID，因此无法通过检查 ID 的形式进行验证。

（5）克隆：ID 的不可克隆性提供了防克隆保护。然而，与超量生产类似，用克隆设计制造的 IC 仍然可以在设计公司不知情的情况下出售。

（6）伪造文件：由于伪造文件中的信息与 ID 不匹配，因此很容易检测出该类 IC。

（7）篡改：在封装 IC 之前，对晶片进行篡改时，由于所篡改的 IC 可能具有有效的 ID，因此无法通过 ID 被检测出。

综上所述，可以得出如下结论：根据不可克隆 ID，一定会检测出重标记及伪造文件的伪造 IC。回收、克隆和超量生产的 IC 也会被检测到。但是，无法通过芯片 ID 检测出有缺陷/不合格和被篡改的 IC。

12.5 总结

本章讨论了一种采用芯片 ID 追踪供应链中在产元件的技术。IC 在世界范围内的制造和组装，引起了人们对元件以及制造商自身真实性的担忧，IC 的可追溯性也因此变得更加重要。

晶片 ID 多应用于大型数字 IC，采用基于 PUF 的晶片 ID 可以抵御各种攻击。本章引入了 4 种不同类型的 PUF 以生成不可克隆的 ID。仲裁器 PUF 是首个被提议用于生成不可克隆 ID 的 PUF。然而，正如前面提到的，仲裁器 PUF 设计存在一定限制：必须在满足 D 锁存器设置时间和保持时间要求以及仲裁器 PUF 每段两条路径完全对称的情况下，才能生成正确 ID。研究表明，通过一定数量的 CPR 训练简单机器学习算法可以实现预测 PUF 响应的目的，攻击者因此能够在没有 IC 的情况下确定 ID。RO-PUF 可在不受仲裁器 PUF 限制的情况下生成 ID。由于 ID 中的比特会因元件老化而变化，因此可靠性是 RO-PUF 面临的主要挑战。ARO-PUF 是对 RO-PUF 的改进，可增加可靠性。然而，RO-PUF 和 ARO-PUF 的面积开销较大，需重点关注。当质询选定一组 SRAM 单元时，SRAM-PUF 根据该组 SRAM 单元的随机性生成 ID。在 SRAM PUF 以及已经提出的所有其他 PUF 架构中，稳定的 PUF 响应仍然较难生成。撇开可靠性问题不谈，现有的 PUF 仅可应用于大型数字 IC，并不适用于供应链中的模拟元件、小型分立元件等。此外，所有 PUF 都需要较大的安全存储空间用来记录在 IC 认证过程中用于产生唯一 ID 的质询。维护如此巨大的数据库并向公众开放网络访问权限仍然是 PUF 实施过程中的主要瓶颈。

封装 ID 可以标记在任何类型的元件上，如新研、在产、过时、小型、中型、大型、模拟、数字、混合等。其信息包含日期和批次代码、制造商标识、原产国和 ID 号等，可以唯一标识每个元件。本章还指出了封装 ID 所需的关键特性，如唯一性、不可克隆性、可靠性等，介绍了生成唯一封装 ID 的 4 种技术。通过二维矩阵条形码实现的加密 QR 码可用于有效创建唯一封装 ID，但是需对其可靠性、工艺技术和成本进行额外测试，并且其尚未在行业中广泛应用。从植物中提取的 DNA 序列也可用于创建唯一封装 ID，任何试图篡改（可能在回收和重标记过程中）或重涂 DNA 标记的做法都会破坏该 DNA ID。纳米棒具有唯一的尺寸和角度，可用于生成印制到 IC 封装或晶片上的微观图案。最后，利用磷酸铝层涂层 IC 中不同位置电容测量结果的唯一性，提出了通过涂层 PUF 在晶片上生成封装 ID 的方法。

综上所述，仅通过晶片和封装 ID 无法抵御所有的伪造类型。由于有缺陷/

不合格的伪元件可能拥有有效 ID，因此无法通过芯片 ID 进行检测。此外，回收 IC 在保留其芯片 ID 的情况下进入供应链时，也不会被当作伪造品。

 参考文献

［1］SAE. Counterfeit electronic parts: avoidance, detection, mitigation, and disposition, 2009, http://standards. sae. org/as5553/.

［2］U Guin, D DiMase, M Tehranipoor. Counterfeit integrated circuits: Detection, avoidance, and the challenges ahead. ," J. Electron. Test. 30(1), 9-23 (2014).

［3］U Guin, D Forte, M Tehranipoor. Anti-counterfeit techniques: from design to resign, in Microprocessor Test and Verification (MTV), 2013.

［4］Department of Defense. Performance Specification: Hybrid Microcircuits, General Specification For, 2009, http://www. dscc. dla. mil/Downloads/MilSpec/Docs/MIL-PRF-38534/prf38534. pdf.

［5］K Arndt, C Narayan, A Brintzinger, et al. Reliability of laser activated metal fuses in drams, in Proc. of IEEE on Electronics Manufacturing Technology Symposium, 1999, pp. 389-394.

［6］N Robson, J Safran, C Kothandaraman, et al. Electrically programmable fuse (efuse): From memory redundancy to autonomic chips, in CICC, 2007, pp. 799-804.

［7］B Gassend, D Clarke, M Van Dijk, et al. Silicon physical random functions, in Proc. CCS (ACM, 2002), pp. 148-160.

［8］G Suh, S Devadas. Physical Unclonable Functions for device authentication and secret key generation, inProc. DAC, 2007, pp. 9-14.

［9］J Guajardo, S Kumar, G Schrijen, et al. FPGA intrinsic PUFs and their use for IP protection, in Proc. CHES, 2007, pp. 63-80.

［10］R Maes, I Verbauwhede. Physically Unclonable Functions: A study on the state of the art and future research directions. Towards Hardware Intrinsic Secur. , pp. 3-37, 2010.

［11］M Rahman, D Forte, J Fahrny, et al. Aro-puf: An aging-resistant ring oscillator puf design, in Design, Automation and Test in Europe Conference and Exhibition (DATE), 2014, March 2014, pp. 1-6.

［12］S Morozov, A Maiti, P Schaumont. An analysis of delay based puf implementations on fpga. Reconfig. Comput. Architect. Tools Appl. 382-387 (2010).

［13］M Alam, S Mahapatra. A comprehensive model of pmos nbti degradation. Microelectron. Reliab. 45(1), 71-81 (2005).

［14］S Bhardwaj, W Wang, R Vattikonda, et al. Predictive modeling of the nbti effect for reliable design, in Proc. of IEEE on Custom Integrated Circuits Conference, September 2006, pp. 189-192.

[15] K L Chen, S Saller, I Groves, et al. Reliability effects on mos transistors due to hotcarrier injection. IEEE Trans. Electron Dev. 32(2), 386-393 (1985).

[16] S Mahapatra, D Saha, D Varghese, et al. On the generation and recovery of interface traps in mosfets subjected to nbti, fn, and hci stress. IEEE Trans. Electron Dev. 53(7), 1583-1592 (2006).

[17] I Verbauwhede, R Maes. Physically unclonable functions: manufacturing variability as an unclonable device identifier, in Proc. GLSVLSI (ACM, 2011), pp. 455-460.

[18] A Maiti, P Schaumont. Improved ring oscillator puf: An fpga-friendly secure primitive. J. Cryptology, 1-23 (2011).

[19] S Katzenbeisser, Ü Kocaba. s, V Roži' c, et al. PUFs: Myth, fact or busted? A security evaluation of Physically Unclonable Functions (PUFs) cast in silicon. Proc. CHES, 283-301 (2012).

[20] D Lim, J Lee, B Gassend, et al. Extracting secret keys from integrated circuits. IEEE Trans. Very Large Scale Integration (VLSI) Syst. 13(10), 1200-1205 (2005).

[21] K Xiao, M Rahman, D Forte, et al. Bit selection algorithm suitable for high-volume production of sram-puf, in 2014 IEEE International Symposium on Hardware-Oriented Security and Trust (HOST), May 2014, pp. 101-106.

[22] A Maiti, P Schaumont. Improved ring oscillator puf: An fpga-friendly secure primitive. J. Cryptology 24(2), 375-397 (2011).

[23] D Wave. Answer to your questions about the QR Code, http://www.qrcode.com/en/.

[24] ISO/IEC 18004:2006. Information technology-Automatic identification and data capture techniques-QR Code 2005 bar code symbology specification, (2006). http://www.iso.org/iso/catalogue_detail? csnumber=43655.

[25] E Ohbuchi, H Hanaizumi, L Hock. Barcode readers using the camera device in mobile phones, in 2004 International Conference on Cyberworlds, Nov 2004, pp. 260-265.

[26] D Wave. QR Code Essentials. [Online]. Available: http://www.nacs.org/LinkClick.aspx? fileticket=D1FpVAvvJuo%3D&tabid=1426&mid=4802.

[27] A Markman, B Javidi, M Tehranipoor. Photon-counting security tagging and verification using optically encoded qr codes. Photonics J. IEEE 6(1), 1-9 (2014).

[28] E Pérez-Cabré, H C Abril, M S Millán, et al. Photon-counting double-random-phase encoding for secure image verification and retrieval. J. Optics 14(9), 094001 (2012). [Online]. Available: http://stacks.iop.org/2040-8986/14/i=9/a=094001.

[29] D Huffman. A method for the construction of minimum-redundancy codes. Proc. IRE 40(9), 1098-1101 (1952).

[30] Signature DNA. http://www.adnas.com/products/signaturedna.

[31] U S. Defense Logistics Agency, Dna authentication marking on items in fsc 5962, August

2012. [Online]. Available: https://www.dibbs.bsm.dla.mil/notices/msgdspl.aspx? msgid=685.

[32] J A Hayward, J Meraglia. DNA Marking and Authentication: A unique, secure anticounterfeiting program for the electronics industry, Oct. 2011.

[33] Applied DNA CPA Program. http://www.adnas.com/CPA.

[34] C Kuemin, L Nowack, L Bozano, et al. Oriented assembly of gold nanorods on the single-particle level. Adv. Funct. Mater. 22(4), 702-708 (2012).

[35] IBM Research. Nanorods take down counterfeiters: IBM scientists create nano-sized patterns to thwart forgeries, http://www.research.ibm.com/articles/nano-counterfeit.shtml.

[36] B Skoric, S Maubach, T Kevenaar, et al. Information-theoretic analysis of capacitive physical unclonable functions. J. Appl. Phys. 100(2), 024902 (2006).

[37] Semiconductor Industry Association (SIA). Public Comments-DNA Authentication Marking on Items in FSC5962, Nov. 2012.

内容简介

伪集成电路是指不符合正品集成电路设计规范要求的非授权产品，主要形式包括回收、重标记、超量生产、不合格/有缺陷、克隆、伪造文件以及篡改等，这些将会大大降低应用系统的安全性和可靠性。本书对伪集成电路相关问题进行了全面剖析，并系统阐述了其检测与防范方法。

本书可供集成电路、计算机等专业领域的研究人员使用，也可为集成电路的研制/生产/选用等工程技术人员、质量管理人员以及可靠性分析人员提供参考。